고지도,
종이에 펼쳐진 세상

서양편

일러두기

1. 이 책은 국립해양박물관이 소장한 주요 고지도와 천문도, 항해기 등을 수록한 책이다.
2. 지도의 서지사항은 제작자, 시대, 재질, 크기 순으로 수록하였으며, 정확하지 않을 경우 생략하였다.
3. 지도명은 한자와 영어를 병기하였으며, 설명은 한글 표기를 원칙으로 하였다.
4. 자료 크기는 가로×세로×높이(두께) 순으로 표기하는 것을 원칙으로 하였으며, 그 외 필요한 경우에는 별도 표기하였다.
5. 참고문헌은 각 부분에 일일이 각주로 표시하지 않고 책의 맨 뒤에 일괄 기재하였다.

목차
CONTENTS

발간사 6

16세기 8

17세기 22

18세기 62

19세기 122

20세기 130

항해기 138

특별논고 / 참고문헌 158

발간사
Foreword

지도는 단순히 자신이 보고자 하는 지역을 일정한 비율로 줄여 정보를 전달하는 역할뿐만 아니라 그 당시 시대상과 사람들의 세계관을 고스란히 반영하는 표상이라 할 수 있습니다. 또한, 제작 당시의 과학과 기술 수준이 총망라된 집약체이기에 혹자는 "지도는 보는 것이 아니라 읽는다."라고도 합니다.

이런 지도에 대한 역사적 가치와 소중함을 알기에 우리 박물관은 지난 2012년부터 현재까지 바다와 땅을 아우르는 약 750점의 지도들을 꾸준히 모아왔습니다. 수집된 동·서양의 다양한 지도 중에서 사료적 가치와 예술성이 높은 지도 약 100여점을 선정하여 여러분에게 소개하고자 합니다. 이 지도들 중 일부는 여러 전시에도 소개되었고, 꾸준히 도록에도 실릴 정도로 이미 여러분에게 잘 알려져 있습니다. 하지만 이외의 대부분 지도들은 단 한번도 대중들에게 공개된 적이 없는 지도들입니다.

<고지도, 종이에 펼쳐진 세상>은 약 100여점의 지도를 서양과 동양으로 나누어 총 2권으로 구성하였습니다. 이 지도들과 함께 서양편에서는 아무도 가보지 않은 미지의 공간을 탐험한 항해가들의 항해기를 담아 보았고, 동양편에는 우리 조상들이 하늘과 별자리를 그림의 형태로 남긴 천문도를 함께 수록하였습니다.

이 책에 실린 한 장 한 장의 지도에는 무한히 되풀이되고 있는 아득한 역사의 흔적들이 남아 온전히 우리에게 전해지고 있습니다. 또한, 아직까지 우리에게 바다는 신비한 공간이자 공포의 공간이기도 합니다. 이런 지도를 통해 미지의 세계에 대한 호기심과 두려움을 이겨내고자 했던 선조들의 도전정신과 용기를 조금이라도 이해하면서 이 불안한 코로나-19 시기를 잠시 잊고 위안을 얻는 계기가 되었으면 합니다.

앞으로도 우리 박물관은 소장자료에 대한 가치를 제고하그 나아가 해양의 더 큰 가치를 여러분에게 일깨우기 위해 이 책의 발간을 시작으로 매년 주제별로 소장자료를 선별하여 여러분에게 소개드리도록 하겠습니다. 감사합니다.

2020. 12

국립해양박물관장

16세기

당시 사람들은 바다에 대한 두려움에도 불구하고 미지의 옅역에 대한
호기심과 부를 좇기 위한 열망으로 먼 바다로 나갔다.
이로 인해 다양한 계층에서 지도에 대한 수요가 늘어나기 시작하였고,
지도의 제작은 더욱 활발해졌다.

01

바르톨로메오의 포르톨라노 해도
Portolan Chart by Bartholomeo

바르톨로메오 올리브
이탈리아, 1550년, 종이 · 가죽
56.0 × 94.5

바르톨로메오 올리브Bartholomeo Olives가 제작한 포르톨라노 해도이다. 포르톨라노 해도는 13세기부터 이탈리아에서 제작되기 시작했으며, 바다에 관한 기술을 담고 있다. 또한, 해안선이나 항만 등도 오늘날의 해도와 비슷하고 상세하게 그려져 있어 1600년경까지도 널리 사용되었다.

이 해도의 가장 큰 특징은 나침반으로부터 방사형으로 뻗은 32갈래의 방위선이 교차하며, 그물 모양으로 그어져 방향과 거리를 표시하고 있다는 점이다. 이 포르톨라노 해도는 1550년 바르톨로메오가 나폴리에서 제작했다고 기록되어 있으며, 색상의 표현과 삽화의 예술성은 당대 최고의 수준이라 할 수 있다. 다른 해도 제작자들과의 차이점은 좌·우측에 거리표가 그려져 있어 거리를 알 수 있으며, 해안선에 많은 항구 이름을 기재하였고, 해상에 항해의 위험 요소인 암초를 상세히 표현하였다. 그리고 아틀라스 산맥과 알프스 산맥을 표현한 것도 또 다른 특징 중 하나이다. 해도 고유의 목적인 실용성이 뛰어나며, 색상의 사용이나 제작기법이 정교하여 포르톨라노의 정수를 보여주는 작품이라 할 수 있다.

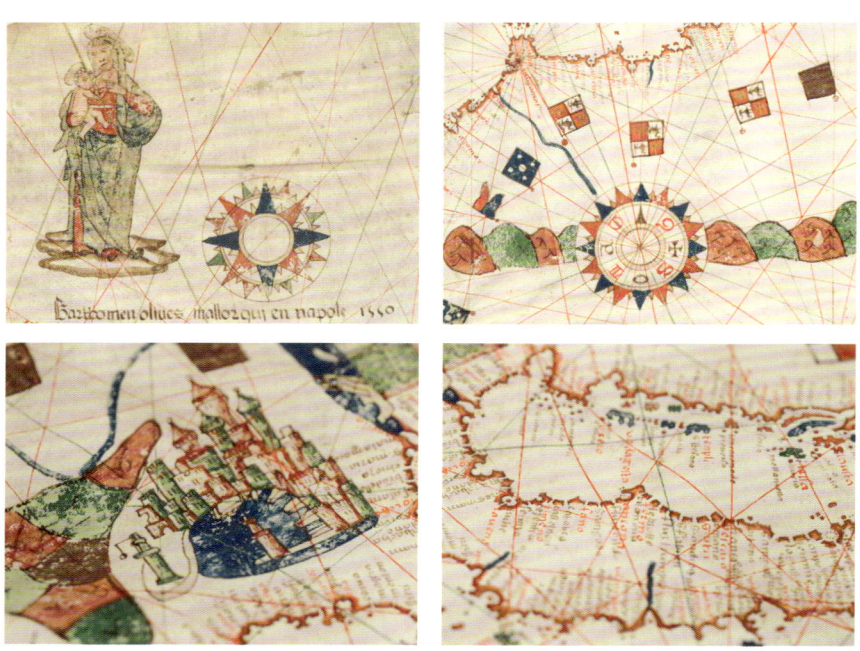

FIGVRA DEL MONDO VNIV

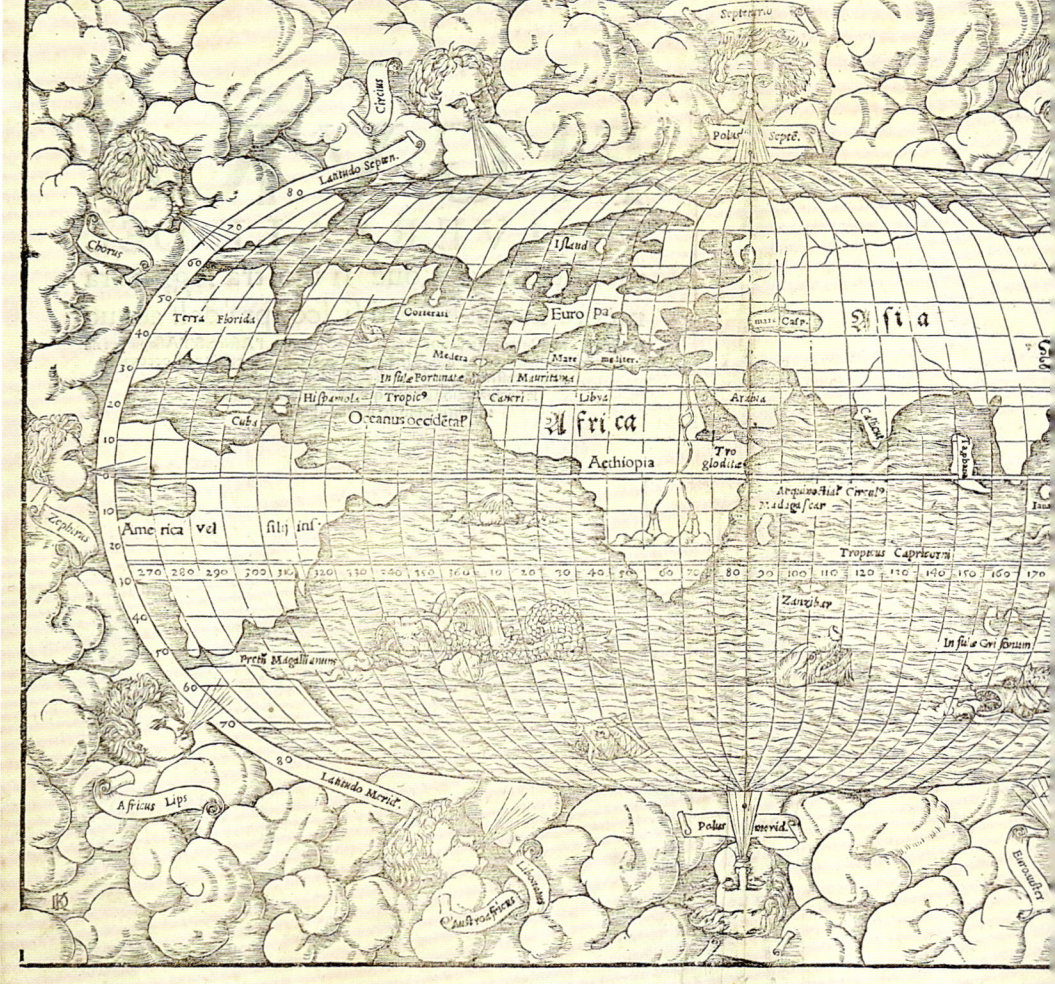

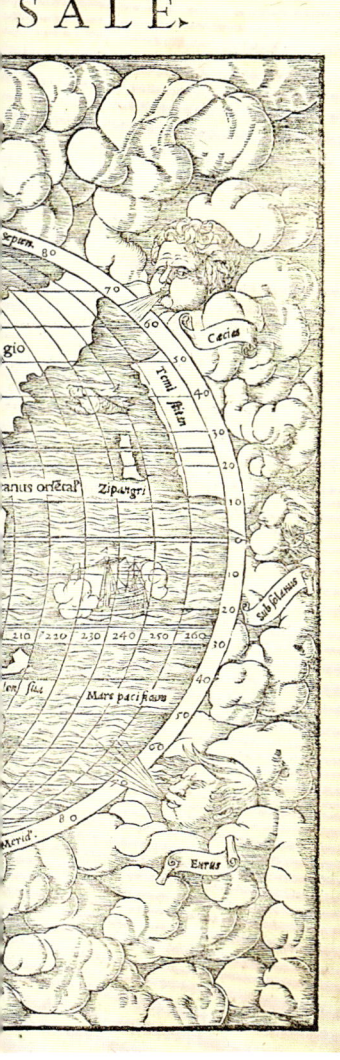

02

뮌스터의 세계지도 *Figura dei Mondo Universale*
Map of the World by Münster

뮌스터
독일, 1550년대, 종이
45.7 x 57.1

세바스티안 뮌스터Sebastian Münster는 독일의 히브리어 학자이자 16세기 중반에 활발하게 활동한 우즈지학자이다. 이 지도는 1550년 이후 이탈리아에서 제작된 판본이다. 12명의 바람신이 지구 둘레에서 바람을 불고 있는 모습과 항해하는 배 주변으로 바닷속을 헤엄치는 바다괴물을 묘사하였으며, 대륙은 대략적인 윤곽으로만 나타내었다. 호주의 인접 지역에 신화의 섬인 그리소눔Grisonum과 칼렌수안Calensuan이 그려져 있고, 태평양을 의미하는 평화로운 바다Mare Pacificum를 표기하였다.

바다괴물 Sea Monsters : 중세 유럽 사람들의 미지의 세계인 바다에 대한 공포는 상상력이 더해져 기상천외한 이야기들을 만들어냈다. 바다의 서쪽 끝에서는 물이 펄펄 끓고 있다던지 생전 본 적 없는 바다괴물이 바닷 속에 존재한다는 이야기들이다. 당시 사람들의 바다에 대한 두려움은 그 시대의 여행기나 지도에서 종종 엿볼 수 있다.

03
오르텔리우스의 아이슬란드 지도 *Islandia*
Map of Iceland by Ortelius

오르텔리우스
벨기에, 1592년, 종이
58.4 x 69.8

아브라함 오르텔리우스Abraham Ortelius는 1570년 최초의 근대적 지도첩인 『세계의 무대 Theatrum Orbis Terrarum』저자이다. 이후 수많은 지도를 제작하였는데, 이 지도는 아이슬란드와 주변 해역을 그린 지도이다.

역대 가장 장식적인 지도 중 하나로 손꼽히며, 아이슬란드 지역의 모습을 비교적 상세하게 표현하였다.

이 지도에는 아이슬란드의 산과 피오르드, 빙하, 그리고 화산 폭발하는 헤클라산의 모습을 그렸고, 그 외에 200여 개의 지명을 기록하였다. 특히, 15~16세기 전설적이고 신화적인 바다 괴물 및 생물들을 다양한 색채를 사용하여 표현한 것이 특징이다. 우측 하단 지도표제 Cartouche*에는 안드레아스 벨레우스Andreas Velleius가 그림을 그렸고, 덴마크의 왕 프레드릭과 노르웨이인, 슬라브인, 고트인에게 헌정한다는 기록이 적혀있다.

지도표제 Cartouche : 지도의 제목, 제작자, 발행장소, 제작시기 등을 기록하는 화려한 채색의 표제로, 다양한 동·식물, 주인, 문장, 신화적인 내용의 그림으로 표현하여 장식한 것이다.

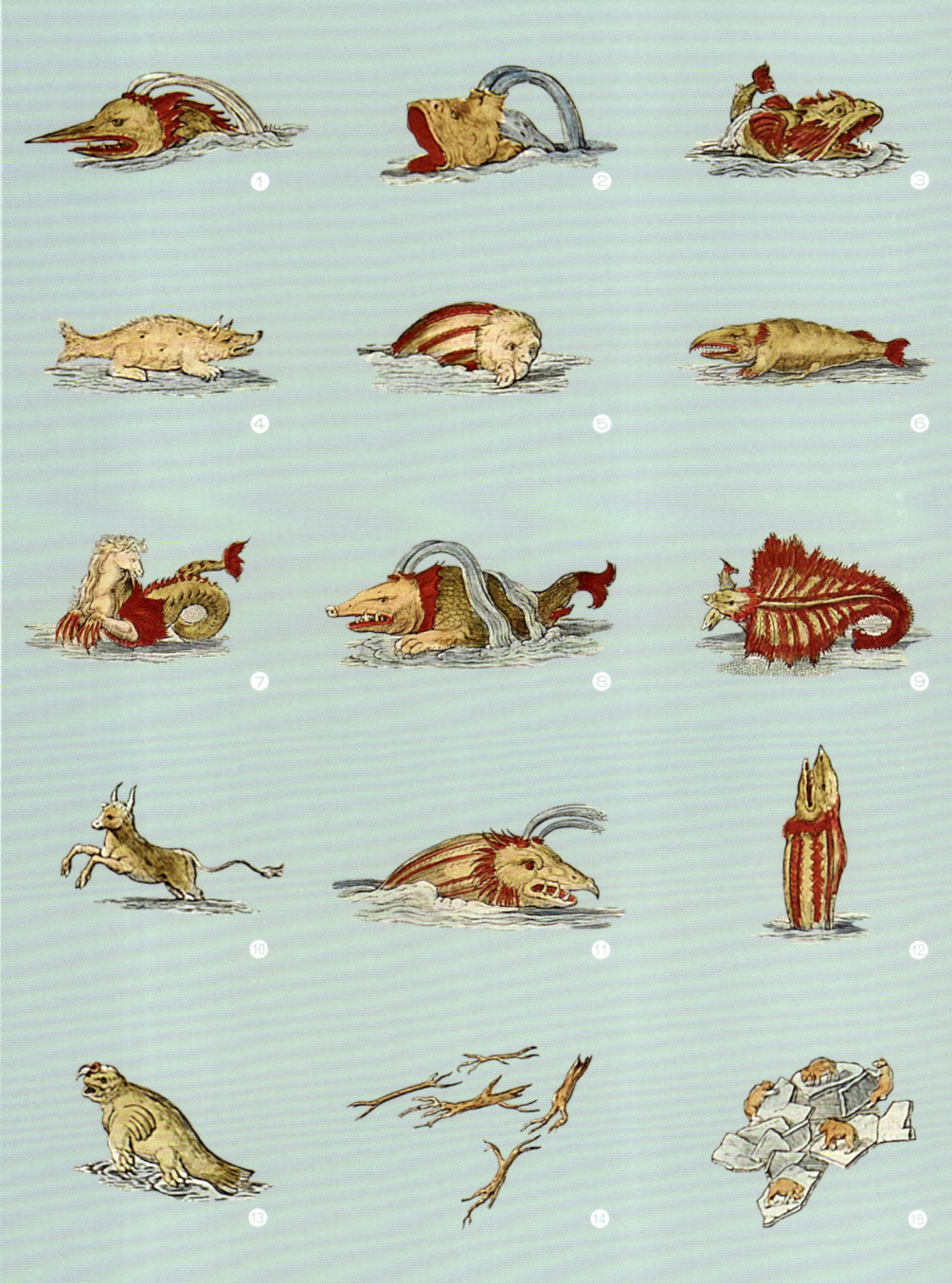

1. Nahval이라 불리는 물고기로 길이는 약 4.6m이며, 이것을 먹으면 즉시 죽는다. 다이버들은 이 물고기의 머리 윗부분을 잘라 '유니콘의 뿔'로 팔았는데, 이는 해독제로 쓰였다고 전해진다.
2. Roider로 불리는 물고기로 길이는 약 15m이며, 이빨이 없는 것이 특징이다. 이 물고기는 맛이 좋고, 질병에 효과가 있다고 전해진다.
3. Burchvalur는 몸보다 더 큰 머리를 가졌다. 매우 강한 이빨을 가졌으며, 길이는 약 2.7m 정도이다.
4. 하이에나, 혹은 바다 돼지로 불린다. 머리는 멧돼지 형상이고, 몸은 비늘로 덮혀있다.
5. Ziphius는 윗 턱이 길게 발달된 대형 물고기로, 물개를 한입에 삼켜 버릴 수 있는 괴물이다.
6. 영국 고래로 불리며, 길이는 약 3.5m 정도이다. 긴 혀를 가지고 있으며, 앞발이 있다.
7. Hroshualur는 해마처럼 보이며, 갈기가 목까지 달려있다. 어부들은 이 괴물이 사람들을 사냥하고, 죽이는 괴물로 인식했다.
8. 좀처럼 모습을 드러내지 않는 큰 종류의 고래로, 거대한 크기와 몸무게 때문에 마치 작은 섬처럼 보인다. 큰 크기로 인해 이 괴물을 어부들이 섬으로 착각하여 등 위에서 불을 피워 괴물을 깨우기도 하였다.
9. Skautuhvalur의 몸은 상어처럼 크고 큰 지느러미와 털로 덮여 있다.
10. Seenaut는 회색의 바다 소이다. 간혹 바다에서 무리지어 육지로 나온다.
11. Steipereidur은 가장 온화하고 길들여진 고래로, 크기는 4.5m 정도이다. 어부를 돕기 위해 다른 종류의 고래들과 싸우기도 한다. 누구든 이런 종류의 고래를 죽이거나 다치게 하는 것을 금지하였다.
12. Staukul은 도약하거나 건너뛰기 위해 물속에서 몸이 똑바로 서 있는 모습을 종종 보인다. 이 괴물은 인간을 먹이로 여기기 때문에 선원과 어부에게 매우 위협적인 괴물이다.
13. Rostunger는 바다 송아지처럼 생겼으며, 매우 짧은 네발로 바다를 기어 다닌다. 피부가 단단하며, 긴 이빨 두 개로 바위나 벼랑에 매달려 12시간 동안 잔다.
14. 노르웨이 절벽에서 불어오는 바람과 폭풍우로 인해 날아온 나뭇가지들이다.
15. 얼어 붙은 바다에서 조류에 의해 밀려 흘러온 거대한 얼음 무더기이다. 얼음조각 위에 흰 곰들이 함께 앉아 있는 모습이다.

04
랑그렌의 동인도 지도
Map of East Indies by Langren

랑그렌
네덜란드, 1595년, 종이
55.0 x 41.8

랑그렌Jacob van Langeren의 동인도 지도는 인도와 아시아에서 약 7년 동안 머무르며 각종 지도를 수집했던 린스호턴Jan Huyghen Van Linschoten의 『동양수로지Itinerario』에 수록된 지도로, 실 제작자는 랑그렌이다. 이 지도의 경우 위쪽이 동쪽을 가리킨다. 인도와 동북아시아 3국을 채색하여 국가를 구분하고, 바다와 대륙에는 동물과 산맥, 항해 중인 선박을 그려 넣었다. 지도 곳곳에 나침도 2개와 상상 속의 바다 동물들을 그려 넣었다. 지도표제에는 포르투갈 뱃길 안내인이 사용하고 있는 가장 정확한 해도와 항해도를 참조했다는 내용이 기록되어 있다.
이 당시 유럽인들은 우리나라를 섬나라로 이해하고 있어 우리나라를 중국과 연결된 반도가 아닌, '하나의 섬ILHA DE COREA'으로 표기하고 형태는 둥근 원으로 나타냈다. 그 당시 지도 제작자들은 잘 모르는 지역을 기하학적 도형으로 표현하는 관행이 있다고 전해진다. 원 안에는 코라이 해안Costa de Coray과 도적의 섬I.dos Ladrones이라 표기하였으며, 상단에 코라이에 속한 섬을 작게 그려 넣었다.

05
테이세이라 & 오르텔리우스의
일본 열도 지도

Japoniae Insulae Descriptio
Map of Japan by Teixeira & Ortelius

테이세이라 & 오르텔리우스
벨기에, 1595년, 종이
48.5 x 36.0

스페인 왕실의 공식 지도 제작자였던 포르투갈 출신의 예수회 신부 루이스 테이세이라 Luis Teixeira가 제작하였고, 벨기에의 아브라함 오르텔리우스가 이 지도를 『세계의 무대』에 수록하였다. 이 지도는 우리나라와 일본만 그려진 최초의 서양 지도로 역사적 의미가 있다. 길쭉한 섬으로 그려져 있는 우리나라는 전체가 섬나라인 COREA INSULA로 표기되어 있으며, 내륙에는 고려Corij와 조선Tauxem으로, 그 아래 제주도에는 도적섬Ilhas dos Ladrones이라고 표기되어 있다.

17세기

17세기 초 네덜란드는 동남아 해상무역을 독점하면서 많은 부를 축적하며
전성기를 누렸다. 이 중심에는 상세하게 표시된 해도가 있었으며,
17세기 후반이 되면서 그 주도권은 프랑스로 넘어가게 된다.
새로운 교역을 위해서는 보다 정확하고 최신의 정보를 수록된 해도가 필요했으며,
이는 효율적으로 탐험하기 위한 필수적인 도구이기도 하였다.

06

오르텔리우스의 동남아시아 지도
Indiae Orientalis Insularumque Adiacientium Typus
Map of Southeast Asia by Ortelius

오르텔리우스
벨기에, 1603년, 종이
45.7 x 57.1

오르텔리우스가 제작한 동남아시아 지도이다. 동남아시아 지역을 비롯하여 일본, 필리핀을 표시하였고, 캘리포니아 서쪽 일부도 그려 넣었다.
당시 오르텔리우스에게 동아시아는 미지의 땅이었고, 주변 지역에 대한 정보도 없었다. 이 지도에 나타나 있는 것처럼 해안선을 따라 비교적 사실적으로 중국 본토를 표현하였고 이외에는 상세하게 그리지 않았으며, 특히, 우리나라는 지도에 나타나 있지 않다.
이 지도는 유럽인들이 향신료 무역을 원했던 스파이스 제도를 중심으로 제작되었으며, 말루쿠 Maluku 주변에는 '말루쿠 지역에 자일롤로의 5개 섬에서 향기로운 향신료를 많이 수출하고 있다.'라고 기록을 하였다. 또한, 지도의 우측 하단에는 뉴기니 Nova Gvinea 주변에는 이탈리아의 탐험가인 '안드레아스 코르살리스 Andreas Corsalis 에게 피치나쿨루스 Piccinaculus 로 불리는 지역이며, 이곳이 섬인지 남쪽 육지의 일부분인지 불확실하다.'라고 글을 남겼다.
한편, 이 지도는 바다괴물이 등장하는 대표적인 지도이며, 우측 중간에 그려진 인어는 인문학에서 동양의 부에 대한 유혹으로 해석된다. 그리고 많은 바다괴물 중 위협적으로 그려진 동물은 고래이며, 이 고래 괴물의 이름은 발레나 Balena 이다. 그 당시 사람들에게 아직 바다는 무서운 곳이라는 이미지와 함께 아직까지 동아시아는 '미지의 세계이다.'라는 당시 사람들의 인식이 반영되어 있다.

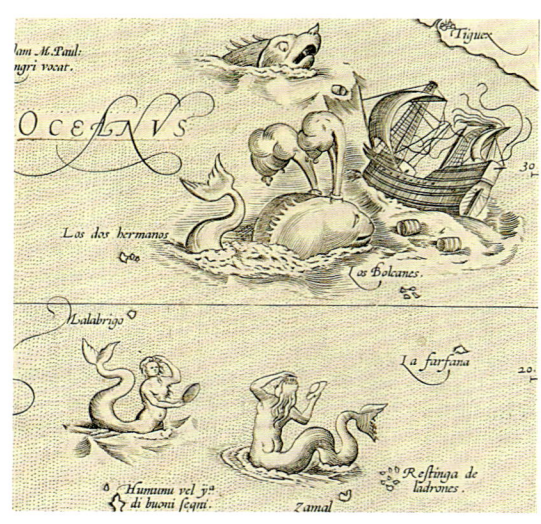

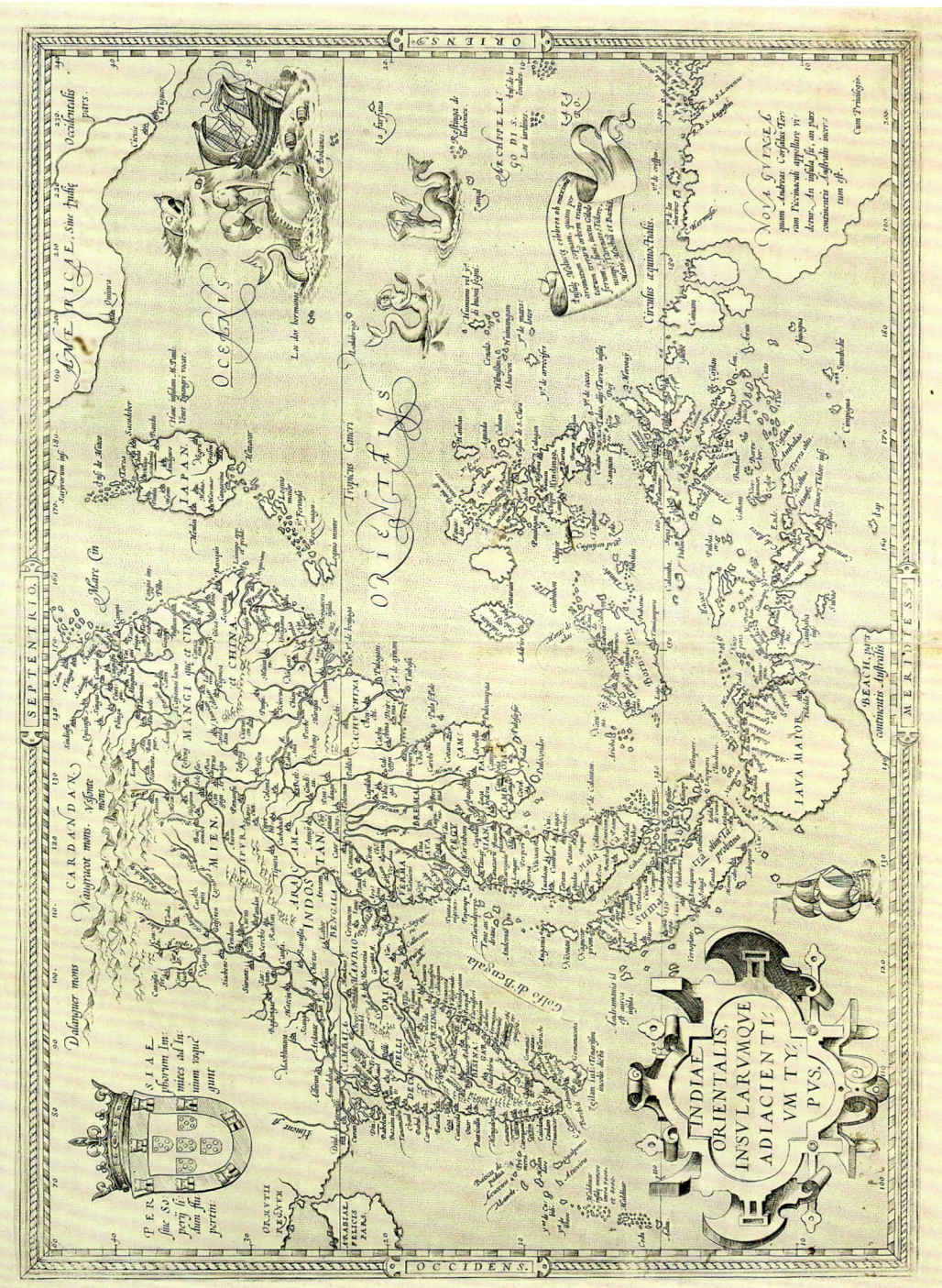

07

몬노의 해도
Portolan Chart by Monnus

몬노
이탈리아, 1619년, 가죽
55.0 × 98.5

몬노Monnus가 1619년에 이탈리아 제노바 부근에서 양피지로 만든 포르톨라노 해도이다. 그 당시 종이의 보급이 원활하지 못하는 상황과 바다에서 주로 활용하는 일이 많아 양피지를 사용하여 해도로 제작하였다. 포르톨라노 해도의 주요 특징인 나침반과 방사형으로 뻗은 32개의 방위선이 방향과 거리를 표시하였다. 실제 항해에 활용할 수 있도록 비교적 자세하게 항구와 해안선을 묘사하고 있다. 앞서 바르톨로메오 해도도판01와 차이점은 여백에 인물이 묘사되어 있다는 점이다. 대서양Oceanus Occidentalis과 함께 스텔라 마리스Stella Maris 바다의 별, 성모마리아 삽화가 그려져 있어, 이 지도를 보고 안전하게 목적지까지 인도하기를 기원하기 위해 상징적으로 그려 넣었다. 주로 지중해 연안 지역의 지명이 표기되어 있고, 이외에도 종교적 삽화와 나침반 등을 금박과 함께 그려 넣었다.

08

혼디우스의 중국 지도
Map of China by Hondius

혼디우스 & 메르카토르
벨기에, 17C 초반, 종이
46.0 x 34.0

이 지도는 혼디우스-메르카토르 지도책의 일부로, 요도쿠스 혼디우스Jodocus Hondius가 그린 초기 중국 지도이다.

지도에는 중국의 만리장성과 항해 선박, 북미 서북 해안의 초창기 정보 등이 그려져 있다. 특히, 지도 우측에는 일본의 기독교 박해를 설명하는 삽화가 그려져 있고, 이는 1597년 나가사키에서 26명의 기독교인이 순교한 것을 상징적으로 그린 것이다.

바다에는 바다괴물과 동·서양의 범선으로 장식 되어있다. 아시아와 북아메리카 사이에 표시된 아니안 해협Anian Fret은 16세기부터 지도에 기록된 신화적인 해협으로 초기 지도 제작자들은 이 해협을 북미와 아시아의 경계이자 중국으로 가는 통로로 인식하였고, 18세기 중반까지 지도에 그려 넣었다.

우리나라는 섬나라와 반도의 중간 형태로 그려져 있는데, 상단에는 조선Tauxem, 하단에는 고려Corji, 제주도를 도적의 섬Ilhas das ladrones으로 표시하였다. 우리나라 안에 수록된 내용은 조선이 섬인지 육지인지 확인할 수 없다는 내용이 적혀있다.

09

『린스호턴의 항해와 동인도 여행 이야기』

Histoire de la Navigation de Jean Hugues de Linscot Hollandois aux Indes Orientales

Travel Guide : Hollander Linschoten, His discours of voyages into the East and West Indies

린스호턴
네덜란드, 1638년, 종이·가죽
23.8 x 29.3 x 5.3

16세기 말 항해를 통해 아시아 무역을 진출하려던 네덜란드는 위험하고 모험적인 사업에 뛰어들기 전 뱃길에 대한 정보나 상업 정보를 필요로 하였다. 이러한 정보를 얻기 위해 네덜란드 무역상이자 여행가인 린스호턴은 포르투갈의 아시아 선단에 승선한 후 직접 아시아 무역에 참여해 경험을 쌓고 정보를 얻은 후 그 정보를 네덜란드에 전달하였다. 린스호턴은 수집한 자료를 근거로 『포르투갈인 동양 항해기』, 『동양수로지』를 출판했다. 그 후 개정판인 이 여행기에도 항해자를 위한 필수적인 정보와 함께 동양과 관련 내용을 수록하였다. 이 책에 수록된 양반구 지도에는 일본을 비교적 정확한 위치인 북위 30°~40°사이에 배치하였다. 우리나라는 반도로 그려 놓았고, 코리아Corea와 조선Tiauxem으로 표시하였다. 그러나 한반도 북쪽에 항저우Quinzai를 표기하는 오류를 범하였다.

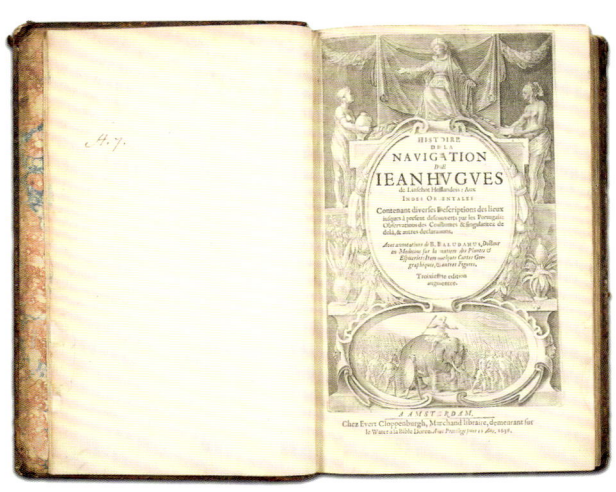

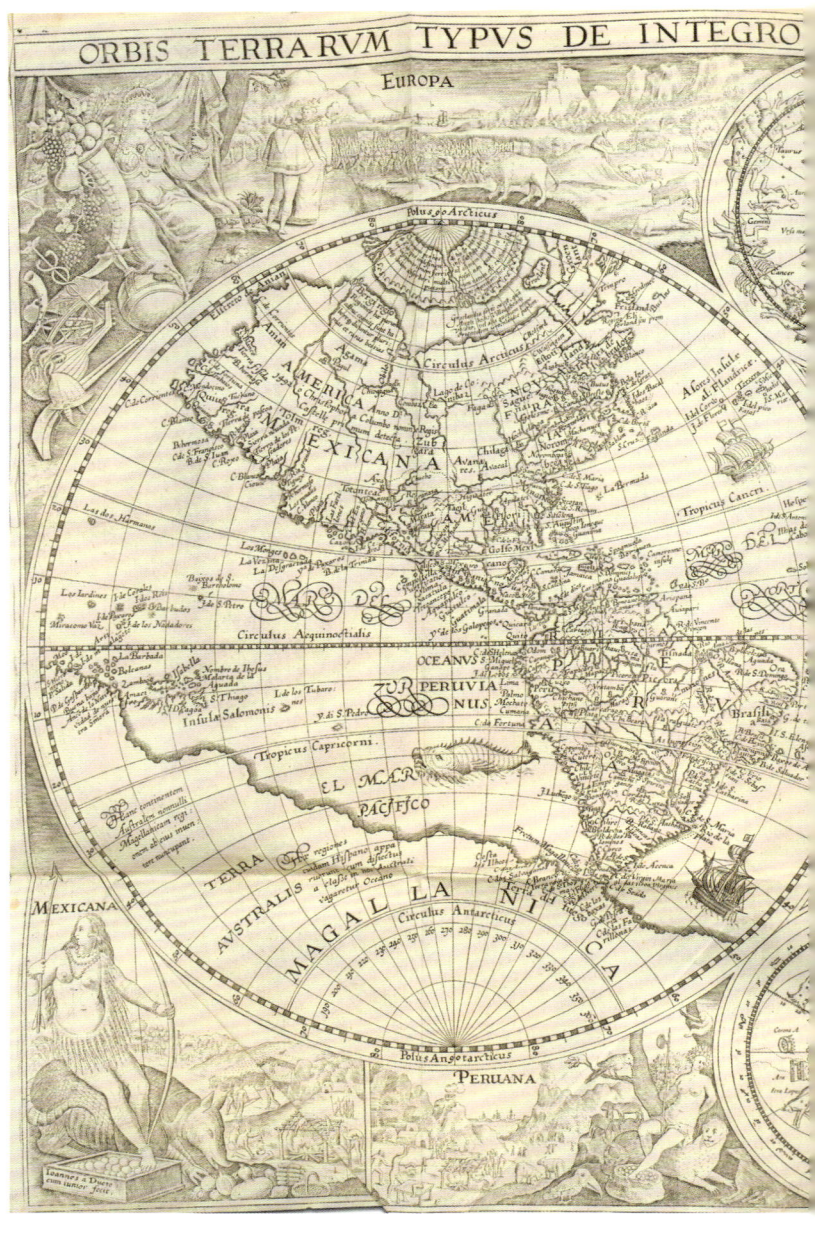

09-1

프란시우스의 양반구 지도 *Orbis Terrarum Typus de Integro Multis*
Map of the World in Two Hemispheres by Plancius

프란시우스
네덜란드, 1594년, 종이
23.8 x 29.3

프란시우스Petrus Plancius가 1594년에 그린 양반구 지도이며, 린스호턴의 여행기에 삽입하였다. 네 모퉁이에 각 대륙을 상징하는 여인의 모습이 그려져 있다. 좌측 상단에는 유럽의 여신이 땅 위에 앉아 지구본을 밟고 있고, 많은 과일을 여신의 주변에 그려 놓았다. 그리고 우측 상단에는 아시아의 여인이 위치하는데, 이 여인은 코뿔소를 타고 있다. 그런데 양측 하단에는 옷을 입지 않은 모습의 여인을 그려 놓았는데, 각각 아메리카와 아프리카 대륙을 상징한다.

10
블라우의 중국 지도
China Veteribus Sinarum Regio nunc Incolis Tame dicta
Map of China by Blaeu

블라우
네덜란드, 1640년, 종이
58.0 x 50.0

네덜란드의 요안 블라우Joan Blaeu가 제작한 중국지도이다. 블라우는 조상 대대로 지도를 제작하는 집안에서 태어나 풍부한 정보를 바탕으로 아름다운 지도를 다수 제작하였고, 동인도 회사 및 국가에 지도를 납품하여 상당한 부를 축적하기도 하였다.

이 지도는 중국의 동쪽만리장성의 서쪽 경계, 우리나라, 일본 중심으로 그렸다. 우리나라의 경우 이전의 지도에서 섬으로 표기하였던 것과 크게 달라지진 않았다. 하지만 둥근 형태에서 사다리꼴 형태로 변화하였는데, 이후 우리나라는 한동안 유럽의 지도에 이러한 섬의 형태로 그려졌다. 우리나라의 북쪽에 조선Tauxem이라는 지명이 표기되어 있다.

지도 하단은 붉은색으로 북회귀선Linea fub tropico cancri을 표시하였고, 유럽 범선들과 중국 소형 선박Sampan을 그렸다. 우측 상단의 지도표제 좌우에 여성과 남성을 배치하여 장식하였고, 하단에는 네덜란드 동인도 회사 VOC : Vereenigde Oost-Indische Compagnie의 이사인 테오도르바스Theodore Bas에게 헌정한다고 기록하였다.

11
반 로헴의 아시아 지도
Map of Asia by Van Lochem

반 로헴
프랑스, 1640년, 종이
53.5 x 41.4

반 로헴Michel Van Lochem이 제작한 아시아 지도이다. 프랑스 루이 13세 시기 베르티우스Petrus Bertius의 아시아 지도와 유사하고, 지도표제와 헌정 대상만 차이가 있다.

이 지도는 광범위하고 상세하게 아시아를 그렸다. 특히, 주요 도시와 강, 국경을 표시하였고, 빈 공간에는 코끼리, 바다괴물, 배 등의 그림들을 그려 넣었다. 일본은 동과 서로 큰 섬으로 그렸으며, 우리나라는 길고 좁게 그렸다. 동해를 만지해MER DE MANGI로 표기하였다. 만지蠻子는 마르코 폴로Marco Polo의 책에서 중국의 남송을 불렀던 지명이다. 만지의 어원은 화이사상華夷思想에서 비롯된 것으로, 남방 지역을 비하하는 뜻으로 사용되었지만, 서양에서 만지는 남중국해로 알려져 있다. 실제 지도보다 인도는 북쪽으로 멀리 그렸고, 카스피해는 동서로 넓어졌으며 인도양의 섬들을 다소 많이 그렸다.

* 화이사상 : 중국인이 예로부터 자기 민족을 세계의 중심이 되는 가장 발전된 민족으로 여기는 사상이다.

12

더들리의 해도첩 『바다의 신비』 *Dell' Arcano del Mare*
On the Mystery of the Sea by Dudley

더들리
이탈리아, 1646~47년, 종이·가죽
53.5×41.4

1620년대를 기점으로 항해 안내도와 해도첩 제작 시장이 급격히 성장하였고, 1630년부터는 네덜란드 지도 제작 회사들이 경쟁적으로 해도를 제작하기 시작하였다. 세계 최초로 해도첩을 출간할 것이라고 기대된 곳은 네덜란드였다. 그러나 예상과 다르게 영국 출신으로 이탈리아로 망명한 로버트 더들리Robert Dudley가 1646년 『바다의 신비Dell'Arcano del Mare』는 이름으로 세계 해도첩을 첫 출간하였다. 이 해도는 메르카토르 투영법에 의해 제작된 최초의 세계해도첩이다.

당시에는 육지와 멀리 떨어진 바다를 운항하고 있는 배의 위치를 파악하는 것이 매우 어려웠다. 별의 위치로 비교적 쉽게 측정할 수 있는 위도와 달리, 경도는 측정하는 것 자체가 난해했기 때문이다. 따라서 어떤 장소에서 출발하여 한 방향을 유지하면 목적지에 도달할 수 있게 보이는 메르카토르 투영법에 의한 해도는 항해의 안전을 보장하는 중요한 도구였다. 따라서 메르카토르 투영법을 반영한 지도 제작은 전 세계 바다를 안전하게 항해할 수 있다는 것, 즉 바다를 정복할 수 있다는 의미를 가지고 있다. 또 이 지도첩의 출현은 기존의 포르톨라노와 완전한 결별을 뜻하는 시대적 의미가 있다.

이 책은 항해, 조선, 천문, 메르카토르 도법 등 항해 탐험에 대한 총체적인 내용과 전 세계해도 146장이 6권 3책으로 구성되어 있다. 우리나라가 포함된 지도는 3장으로 1권 2편에 수록된 아시아 전도와 우리나라 전체 지도, 그리고 동해안 일부만 표시된 지도가 수록되어 있다. 이 해도에서 우리나라는 긴 타원형으로 그려져 있다. 우리나라에 대한 설명으로 이탈리아어로 '코라이 왕국은 반도이다.Regno di Coraié Penisola'고 표기되어 있으며, 동해는 한국해Mare Di Corai라고 적혀 있다. 지도에 표기된 약자의 뜻 간략하게 아래와 같이 정리하였다.

Fiume 강
Piana 평원
Isola 섬
Punta 끝
Bocca 입구
Baia 만
Costa 해안
I.Longa 길쭉한 섬

'Ladronese'는 도적의 의미인데, 제주도가 당시 '도적의 섬'으로 불리던 때가 있었으며, 이를 참조하여 '도둑의 해변'으로 표기한 것으로 보인다. 우리나라에서 도시는 조선Tauxem과 코라이Corai 두 곳만 표기되어 있다. 동해안의 북위 39위에 표기된 'costa del leuante' 동쪽 해안이라는 의미이다. 그리고 서해안에는 '황해가 바다인지 아니면 3.5리그 너비의 강인지 의문'이라는 글이 적혀있다.

사실 이 지도에 수록된 지리적 인식은 동시대의 지도와는 전혀 다르다. 그 이유는 더들리는 일본에서 활동하던 예수회 선교사 안제Jerosme des Anges 등이 보내준 정보를 참조하여 이 지도를 제작하였기 때문이다. 따라서 중국에서 활동한 예수회 선교사들이 보내준 중국 지도를 참조하여 우리나라 지도를 제작한 네덜란드나 프랑스의 지도보다 훨씬 정확도가 떨어질 수 밖에 없다. 그렇지만 일본에 파견된 선교사들이 우리나라에 대한 지리적 인식을 명확하게 제공한다는 측면에서 이 지도는 상당히 중요한 의미가 있다.

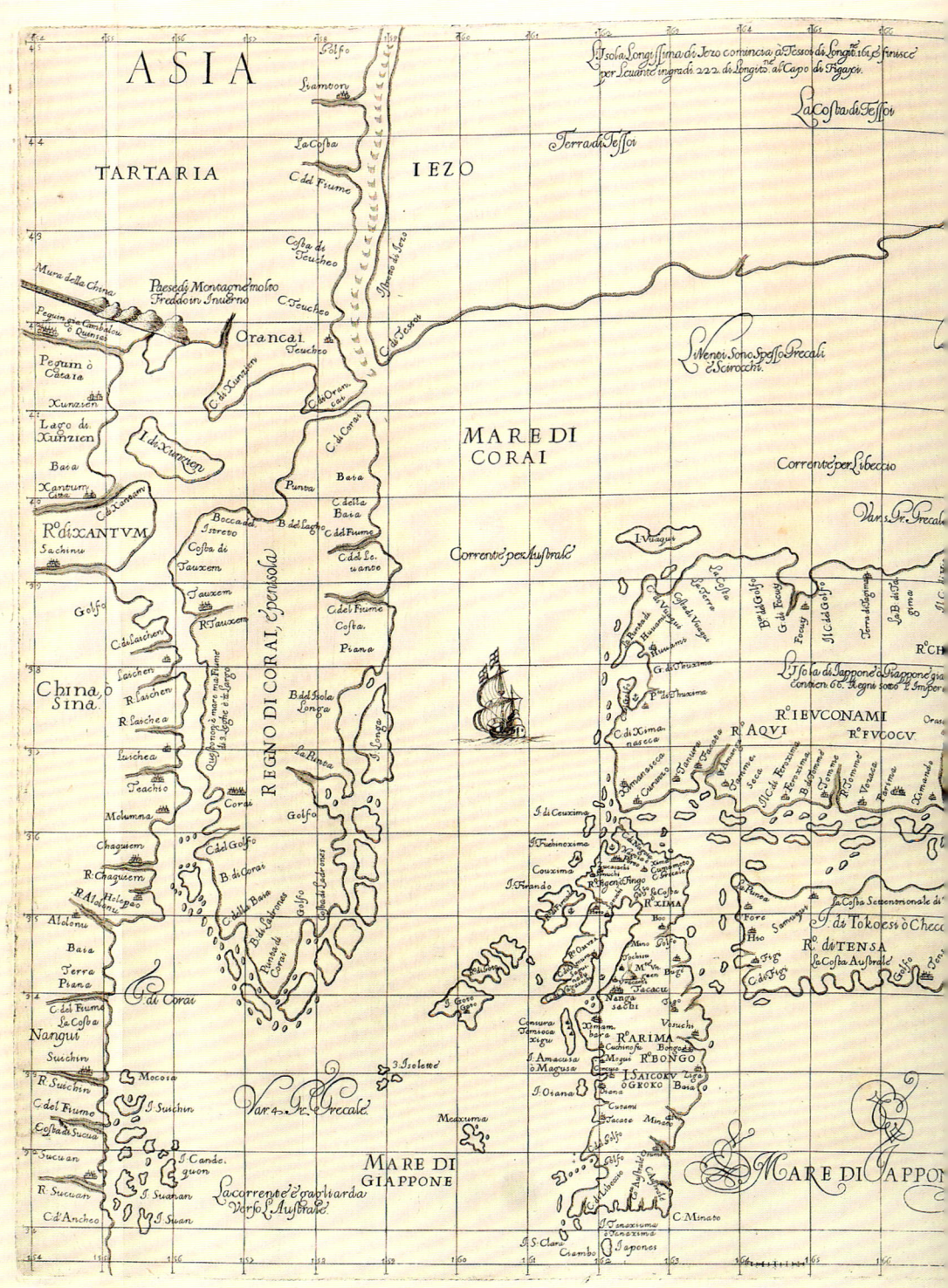

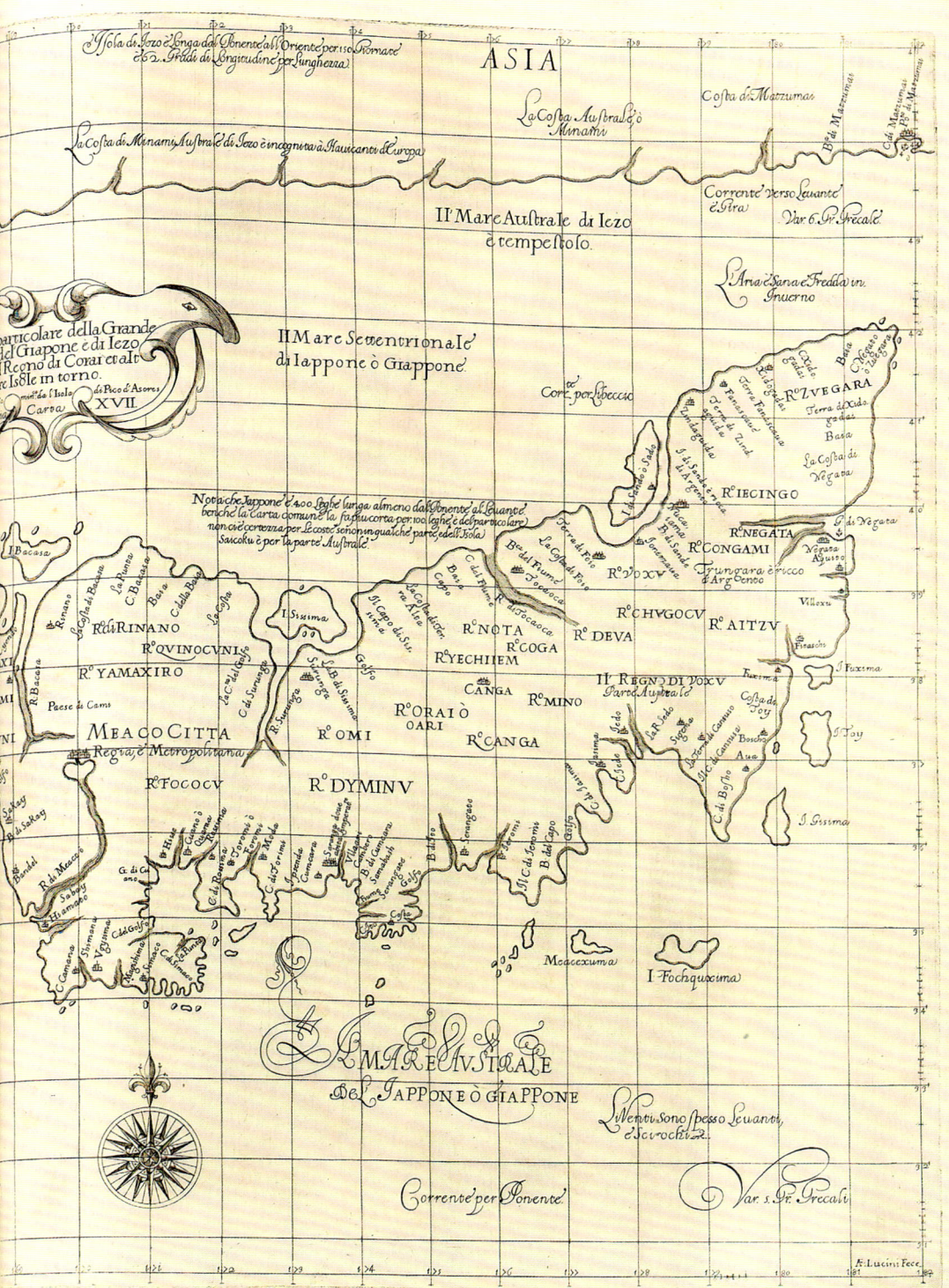

13

얀소니위스의 태평양 해도
Mar del Zur Hispanis Mare Pacificum
Pacific Chart by Janssonius

얀소니위스
네덜란드, 1650년, 종이
59.6 × 49.5

요하네스 얀소니위스Johannes Janssonius가 출간한 『세계해도첩Atlantis Majoris quinta pars』에 수록된 태평양 해도로 우리나라가 섬으로 그려져 있다. 태평양 전체에 대한 지도이기에 상세한 정보는 수록되지 않았으며, 우리나라는 코라이 섬Corai과 조선Tauxem이라는 지명만 표시되어 있다. 일본은 고토 열도와 오키 섬이 표시되는 등 우리나라에 비해 비교적 상세하다. 이 지도는 우리나라 대한 정보를 제대로 표현하지는 못하지만, 네덜란드 아틀라스로서 최초로 캘리포니아를 섬으로 표시한 것으로 유명하다.

14
상송의 아시아 지도 *Asie*
Map of Asia by Sanson

상송
프랑스, 1650년, 종이
59.0 × 43.8

프랑스의 지도 제작자인 니콜라스 상송Nicolas Sanson이 제작한 아시아 지도이다. 17세기 중반 가장 영향력이 있는 지도 제작자 중 한 명이었던 상송의 지도는 이후 리차드 블롬Richard Blome, 조반니 로시Giovanni Rossi 등 다른 지도 제작자들의 표본이 되기도 하였다.

이 지도에서 우리나라는 섬으로 인식되었으며, 국가 이름을 코레이Corey, 각각의 지명을 조선Tauxem, 고려Corey, 제주도I.d.Larrons로 표기하였다. 또한, 우측 상단에 북서쪽 해안을 따라 해안선을 생략하고, 여러 왕국 이름을 기록하였는데 가상의 해협인 아니안 해협Destroit d'Anian을 표시하였다.

15
상송의 아시아 지도 *L'asie*
Map of Asia by Sanson

상송
프랑스, 17세기, 종이
63.5×53.1

상송이 17세기에 제작한 아시아 지도이다. 상송은 아시아 지도를 제작할 때 가장 큰 어려움이 중국의 크기가 보고자마다 다르고 정확하지 않다고 기록하였다. 이는 중국이 아시아에서 차지하는 면적이 크므로 보고자마다 그리는 기준이 매번 달라지기 때문이다. 우리나라에 대한 표현도 이와 마찬가지로, 비슷한 시기에 그린 지도를 비교해 보면 반도로 표현한 경우도 있고, 섬으로 표현한 경우도 있다. 앞서 소개한 아시아 지도^{도판 14}에서는 우리나라를 섬으로 그린 반면, 이번 지도에서는 우리나라를 반도로 그렸다. 나라명을 ROYAUME DE LA COREE로, 동해는 한국해 Mer De Coree로 나타냈으며, 제주도 I.de Quelpaerts도 표기하였다.

16
마르티니의 『신중국지도첩』
Novus Atlas Sinensis
New Atlas of China by Martini

마르티니 & 블라우
네덜란드, 1655년, 종이
110.0×77.2

마르티노 마르티니 Martino Martini 는 1643년 중국에 도착하여 1650년까지 머물면서 포교활동과 함께 중국 지리를 연구하였다. 중국에서 수집한 자료를 바탕으로 유럽에 머무는 동안 중국 지도를 제작하였고, 블라우와 함께 1655년에 『신중국 지도첩 Novus Atlas Sinensis』을 출판하였다. 이 지도는 지도첩 안에 포함된 것으로, 우리나라와 일본, 그 외 주변국을 그렸다. 우리나라를 정확하게 반도 COREA PENINSULA로 표기하였고, 제주도를 풍마 I.Fungma로 표기하였다. 또한, 남해안 지역의 작은 섬들까지 그려 넣었으나, 여전히 형태는 부정확하다. 그렇지만 이 지도첩에는 우리나라 팔도 행정 중심지의 경·위도 좌표가 수록되어 있어, 이전의 지도에 비해 훨씬 과학적으로 제작되었다는 사실을 알 수 있다.

17
구스의『해도첩』 *De Zee-Atlas Ofte Water-Wereld*
Sea Atlas by Goos

구스
네덜란드, 1666년, 종이·가죽
35.0×57.9×6.7

피터 구스Pieter Goos는 17세기 활동한 네덜란드 지도 제작자 겸 판화가다. 그가 살았던 17세기에는 많은 해도가 수록된 해도첩이 발간되고 있었다. 구스는 루츠만Jacob Lootsman과 돈케르Hendrick Doncker의 도움을 받아 지중해 항해를 위한 유럽 밖의 해안선을 그린 이 해도첩을 최초로 발간하였다. 또한, 그는 다수의 항해 지도와 지도책을 펴냈는데 모래톱, 수심 등의 정보를 실어 항해사에게 실질적인 도움을 주었다. 이 책은 구스가 1666년에 제작한 해도첩 초판으로, 아시아와 유럽 등의 지역을 포함한 총 41개의 해도가 수록되어 있다. 구스의 해도첩은 17세기 후반에 만들어진 가장 완벽한 해도첩으로 이후 많은 해도가 이 해도첩을 참고하여 제작되었다. 금박을 입힌 얇은 종이에 인쇄한 후 수작업으로 채색하여 당시 사무실과 집을 장식하려는 사람들에게 인기가 많았다.

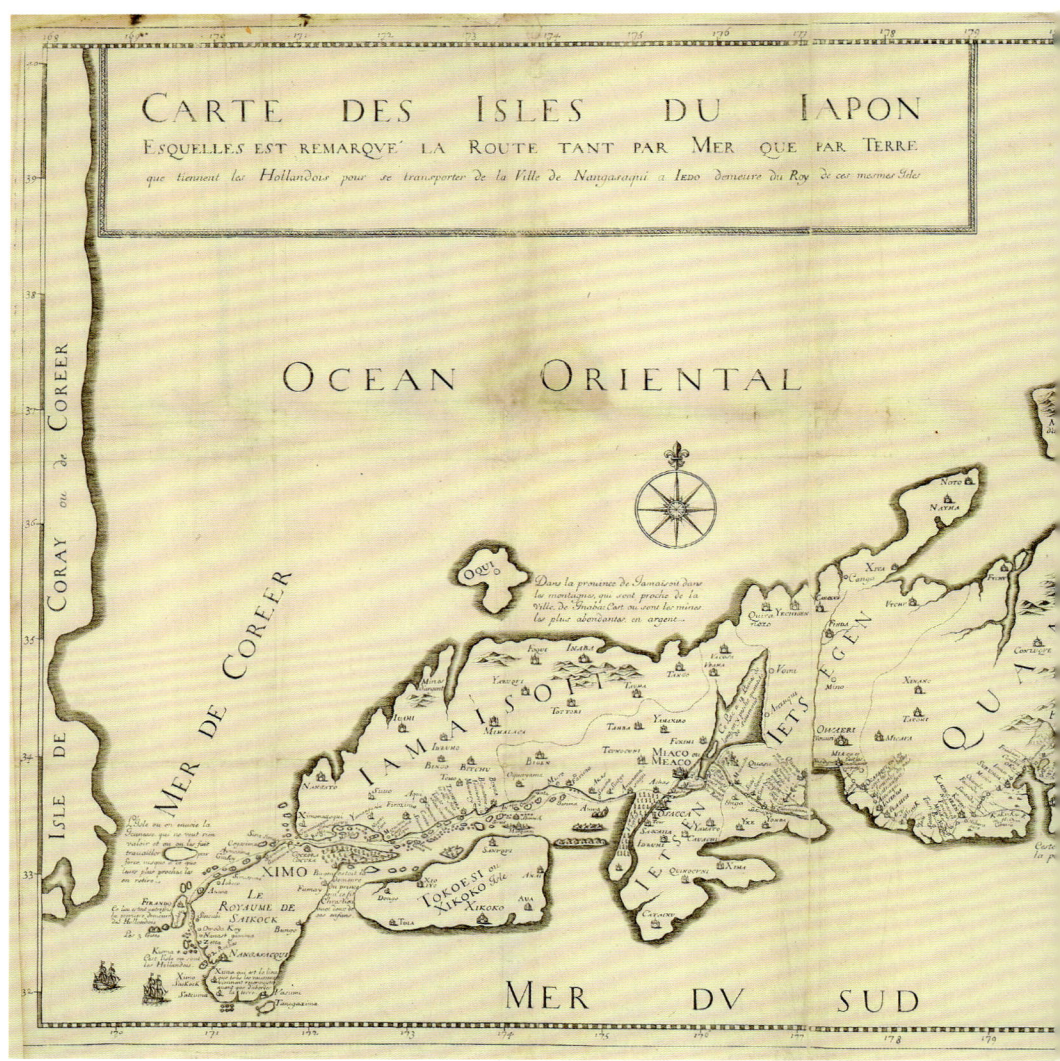

18

듀란트 & 타베르니에의 일본 지도

Carte Des Isles Du Japon
Map of Japan by Durant & Tavernier

듀란트 & 타베르니에
프랑스, 1679년, 종이
82.7 x 60.7

프랑스 여행가인 타베르니에Jean-Baptise Tavernier와 듀란트Jean-Louis Durant가 제작한 일본 지도이다. 타베르니에는 몽고, 인도를 경유하여 중국까지 6회를 여행하였고, 일본에 실제로 간 적은 없지만 동인도에서 수집한 자료로 일본 지도를 그렸다. 이 지도에는 네덜란드인들이 나가사키에서 도쿄까지의 항해하는 길을 표시하였고, 동해 전치를 동방해OCEAN ORIENTAL와 대한해협MER DE COREER으로 표기하였다.

19

퀼렌의 아시아 지도
Pascaarte vande noordoost cust van Asia
Map of Asia by Van Keulen

퀼렌
네덜란드, 1680년, 종이
61.3 x 53.8

네덜란드의 유명한 해도 제작자 반 퀼렌Joannes van Keulen이 1680년에 제작한 아시아 지도이다. 지도표제에는 동·북부 아시아 해안, 일본에서 북부 러시아까지 그렸다고 기록하였으며, 터번을 한 왕과 신하의 모습, 전투 모습 등을 그려 장식하였다. 우리나라를 반도로 표현하였고, 제주도를 Fungma가 아닌 I. Fingma로 표현하였다. 구스의 해도첩에 수록된 우리나라의 모습과 비슷하다.

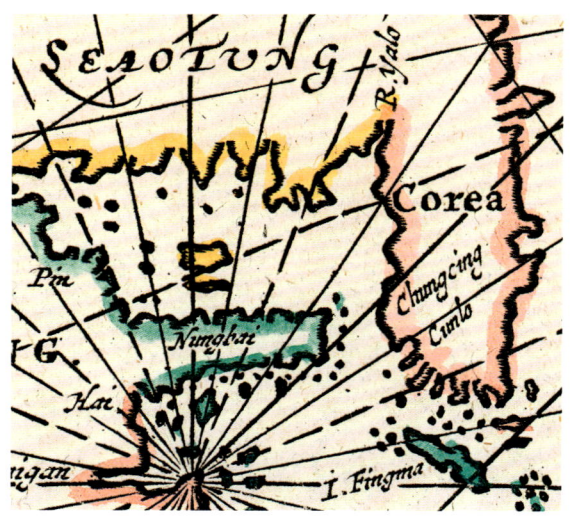

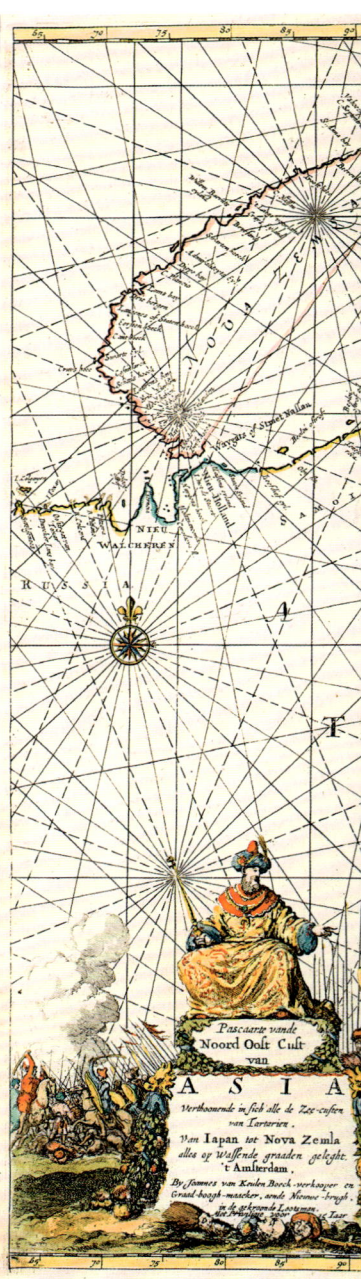

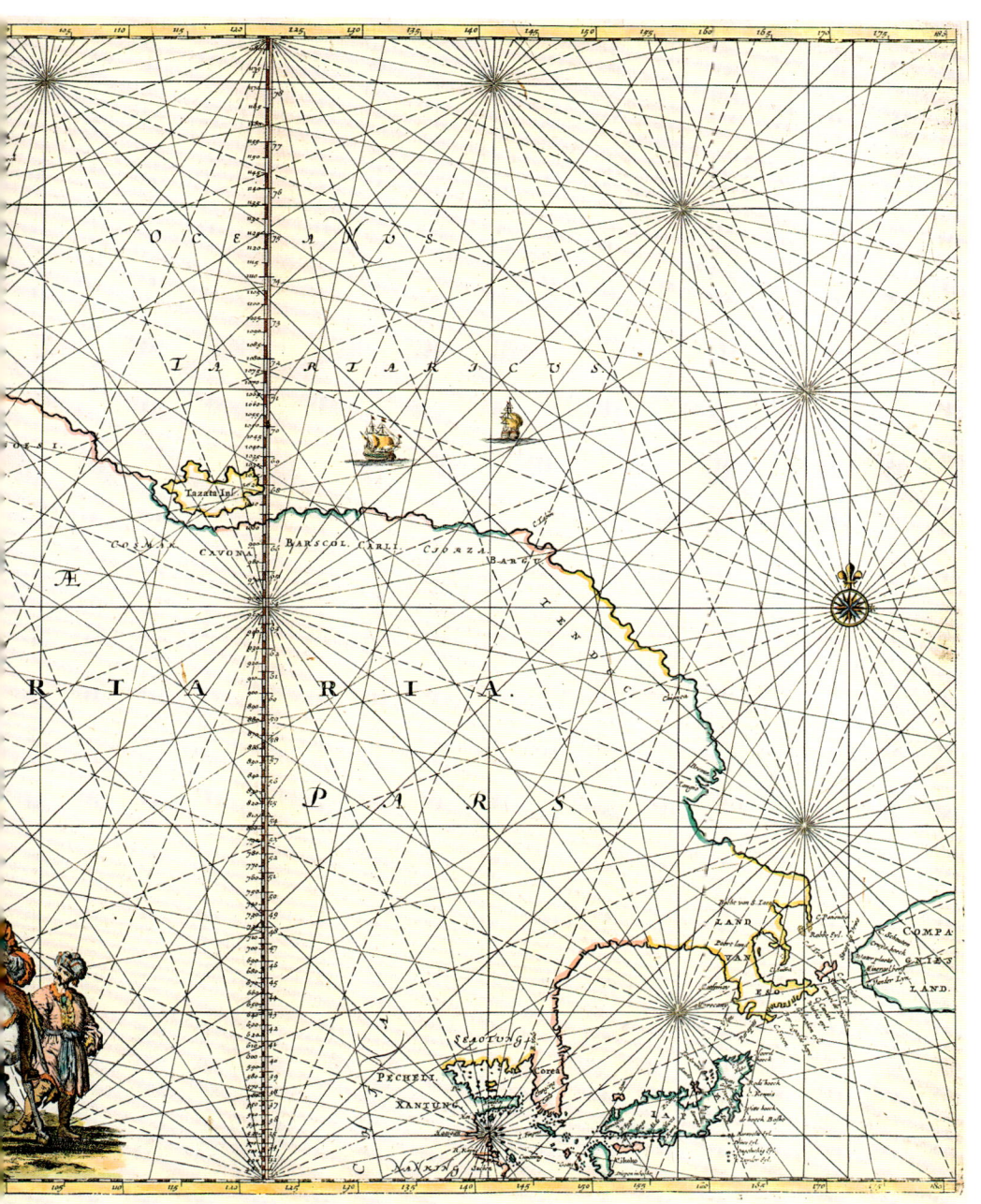

20

메르카토르의 프톨레마이오스식 세계지도
Universalis Tabula Juxta Ptolemeum
Map of the World by Mercator

메르카토르
네덜란드, 16세기 후반~17세기, 종이
54.2 × 43.8

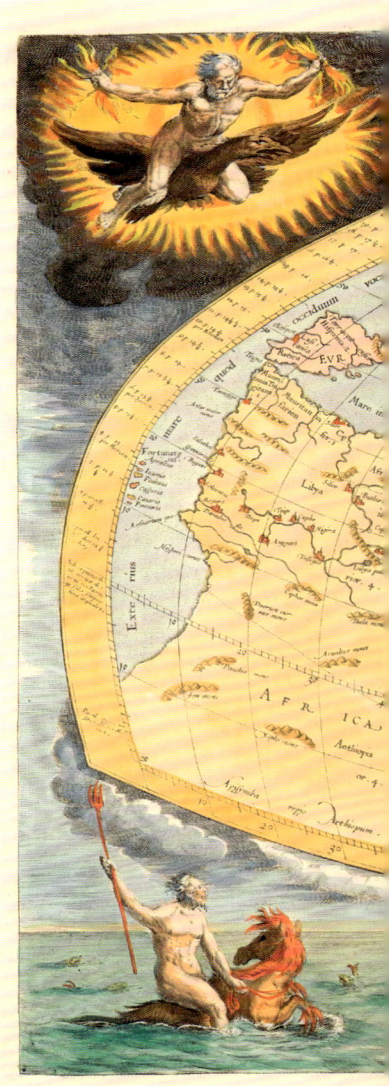

헤르하르뒤스 메르카토르Gerardus Mercator가 제작한 프톨레마이오스식 지도이다. 메르카토르는 16세기에 살았던 네덜란드의 지리학자로 근대 지도학을 완성하는데 큰 기여를 하였다. 메르카토르가 살던 시대의 항해도에는 위치와 정보가 정확하게 기록되어 있지 않았으나, 그는 투영법을 만들어 세계지도를 출판했고, 1575년에는 지도책 『아틀라스Atlas』를 만들었다. 메르카토르 투영법으로 제작한 항해도는 지도상의 어디에서도 직선을 그으면 정방위선이 되어 나침반을 사용하는 항해사들에게 매우 유용하였다. 이 도법은 방위를 바르게 표시하여 보다 항해에 편리하게 이용되었다.

이 지도는 1578년부터 1730년까지 8차에 걸쳐 출판된 지도 중 하나이며, 지중해부터 북서 유럽까지의 지역이 비교적 정확하게 나타나 있다. 그러나 그 외의 지역은 정확하지 않고, 우리나라와 일본은 나타나 있지 않다. 또한, 인도양에 거대한 타프로바나Taprobana, 스리랑카를 그려 넣었다. 지도 사방에는 그리스 최고의 신인 제우스Zeus, 천공의 여신인 헤라Hera, 바다를 지배하는 포세이돈Poseidon, 대지의 여신인 가이아Gaia가 화려한 색채로 표현되어 있다.

21

코로넬리의 중국 지도 *Parte Occidentale della China*
Map of China by Coronelli

코로넬리
이탈리아, 1695년, 종이
93.2×75.4

이탈리아 수도사이자 지리학자인 마르코 빈센조 코로넬리Marco Vincenzo Coronelli는 프랑스 루이 14세 시기 지구본 제작자로 유명하다. 이 지도는 중국과 우리나라 지역 이외에 주변 나라들도 그렸으며, 중국 북단의 만리장성까지 표현하였다. 그리고 포모사Formosa, 대만와 북부의 하이난Hainan 섬, 중국의 상하이 및 마카오와 광저우 등 해안과 내륙을 상세히 표현하였다.
우리나라는 COREY, COREA, TIOCENCOUK으로 표기하였고, 압록강Yalo, 평안Pinggan, 함경Hienking, 전라Ciuenlo, 경상Kingsan, 충청Chiuncing, 제주도ISLE FUNGMA 등 지역 명칭을 상세히 기록하였다.
지도표제에는 예수회를 상징하는 IHS 모노그램*과 예수회 및 로마 대학 교수인 안토니오 발디지아니Antonio Baldigiani에게 헌정한다는 기록이 있으며, 항해시 필요한 지구의, 나침반, 사분의, 해시계 등으로 장식하였다.

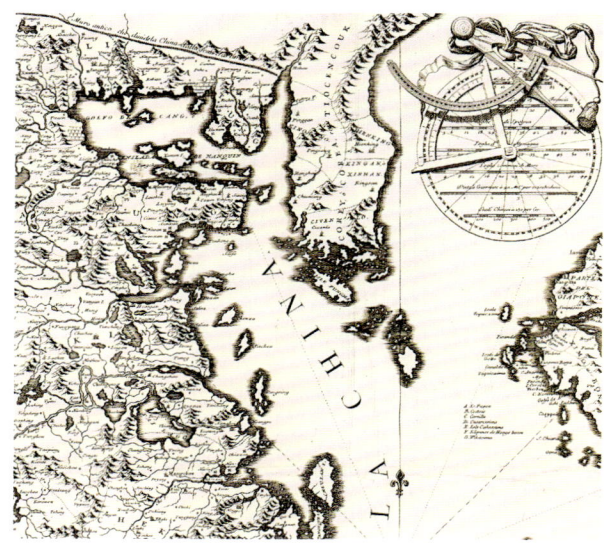

* IHS : 예수의 그리스어 표기(Iησους; 그리스어 대문자로는 IHΣΟΥΣ 또는 IHCOYC; 로마자로는 IHSOVS로 표기)에서 첫 세 글자를 따서 만든 모노그램이다.

18세기

18세기에는 무역로 확보 및 교역 대상국 확대와 관련하여 동양에 대한
여러 유럽 나라의 탐사와 포교활동이 활발하게 전개되었다.
특히, 이 시기는 영국과 프랑스의 식민지 쟁탈전이 정점에 달하는 시기였으며,
그러한 대결 구도로 인하여 지도 제작 역시 두 나라를 중심으로 진행되고
발전하는 양상이 되었다.

22

드릴의 아시아 지도 *L'asie*
Map of Asia by De L'Isle

드릴
프랑스, 1700년, 종이
64.0×50.0

프랑스 왕실 수석 지리학자인 기욤 드릴Guillaume De L'Isle은 국립과학원의 자료를 이용하여 최초의 지도를 제작하였다. 드릴은 상송 가문 이후 프랑스에서 큰 영향력을 발휘한 지도 제작자이며, 수학과 천문학적인 지식을 기반으로 기존 지도들의 오류를 수정하였다. 또한, 탐험과 지형학 등에서 획득한 정보를 지도에 반영하여 과학적으로 지도를 제작한 인물로 평가된다.

이 지도는 아라비아 반도에서 동인도, 뉴기니와 호주의 끝까지를 포함하는 아시아 전역을 그렸으며, 우리나라와 일본 사이의 해역을 동해MER ORIENTALE로 표기했다.

좌측 지도표제에는 왕립 과학원의 자료를 기반으로 작성하였다고 기록하였으며, 주변을 터번 두른 사람들이 낙타를 타고 가는 행렬로 장식하였다. 좌측 하단에는 저자의 입장에서 진행 중인 지리학 관련 작업을 설명하는 메모가 적혀있다. 우리나라는 반도 형태로 왕국R.DE CORÉE으로 표기하였고, 백두산M. Chanpe, 평안Pingan, 전라Civenlo, 제주도Fungma의 세부 명칭을 기록하였다.

23

호만의 최신 아시아 지도
Recentissima Asiae Delineatio
The Latest Map of Asia by Homann

호만
독일, 1704년, 종이
61.0×53.0

18세기 지도 제작자 요한 크리스토퍼 호만Johann Christoph Homann이 제작한 아시아 지도이다. 아시아 전체뿐만 아니라 유럽 일부와 북동 아프리카까지 포함한 지도이다.

좌측 하단 지도표제에 중동지역 가운을 입은 왕과 사자, 표범, 낙타 등 이국적인 동물들로 장식하였다. 특이한 점은 우리나라 우측 상단에 'KURILORUM REGIO'라 적혀 있는데, 이는 쿠릴 열도를 언급한 것이다. 우리나라의 경우 긴 형태의 반도로 나타났으며, 함경Hiengking, 강원Kiangyuen, 평안Pingan, 경기Kingki, 황해Hanghai, 충청Chungking, 제주도 I.Fungma 등의 지명을 표기하였다.

24

클러버의 중국 신지도
Imperii Sinarum Nova Descriptio
New Map of China by Cluver

클러버
독일, 1704년, 종이
98.0×67.0

필립 클러버^{Philip Cluver}가 1704년에 제작한 중국 지도로 추정된다. 이 지도에는 우리나라를 Corea로 표현하였고, 중국의 만리장성과 마카오 등도 나타나 있다. 동해 부근에는 '동쪽에 있는 바다^{Mare Eoun}'라는 의미가 적혀져 있고, 동시에 중국해^{Oceanus Sinensis}가 표기되어 있다.

우리나라의 지역의 세부 명칭은 함경^{Hienking}, 강원 ^{Kiangyuen}, 평안^{Pinggar}, 충청^{Chunging}, 제주도 ^{I.Fungma} 등의 지명을 표기하였다. 우측 하단에는 중국 제국의 신지도라고 표기하였고, 중국인과 서양인, 도자기 등 당시의 무역품을 그려 넣었다.

25

드릴의 인도와 중국 지도 *Carte Des Indes et De La China*
Map of India & China by De L'Isle

드릴
프랑스, 1705년, 종이
64.0 × 50.0

드릴이 그린 중국을 포함한 동아시아와 인도 지역을 그린 지도이다. 이 지도는 출판된 이후에도 반세기 동안 다른 지도 제작자들에게 채택될 정도로 상세하게 그린 지도이다. 중국과 일본, 뉴기니아와 몰루카, 말레이시아, 인도네시아를 거쳐 베트남, 태국, 인도에 이르기까지 아시아 대부분의 지역을 나타내었다.
이 지도에는 정착지와 지리적 특징, 민족학과 관련한 기록이 남겨져 있는데, 예를 들어 보르네오 섬에는 '이슬람교도의 나라pay des Mahometans'라고 기록되어 있다. 우리나라는 왕국R.DE CORÉE으로 표현하고 있으며, 동해를 동방해 혹은 코리아해 MER ORIENTALE ou MER DE CORÉE로 함께 표기하였다. 또한, 백두산M.Chanpe, 수도는 조선Chausien, 제주도Fungma, Quelpaerts 등을 표기한 것이 특징이다.

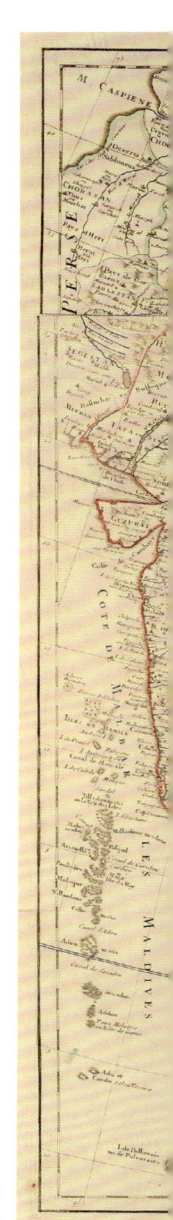

LAND OF YEDSO

Jakka or
Albafin
Amour
Bitra
Siu or Sing
Kanskoi Lakes of Asanskoi
THE TARGAGRIN-SKI
Aigou
Merghenn Mayghen
Matsmey
Cape Tessoy Cavendo R.
Contcho
EASTERN TARTARY
YUPI
Heuran
Yan
Sirar
Tocap
Mungur or Karaut
Kitaiski Chinois
Gardes
Suttigarskoi
Xixigan or Naun
Sengoro
Oula
Kirin
Helum R. Quentun
Nincota or Nincrita
Hingon
NIUCHE
Huiningchou
3 Mountain Lake
Kiankiai
Hauchin
They Fish for Pearl in all these Rivers
Sungaar
Aquita
Nat
THE EASTERN OR COREA SEA
The BOGDOI OR
Chinian
LEAOTUM
K OF COREA
Kiantun
ISLES OF
Note
Nivat Mula
Chanpin
Yonpin
Youvenen
Yncheou
Kintcheou
Ycheou
Fontuan
Haychin
Chalten
Oqui I.
Canga
Vacas
Ouma
Yetchu
Fioda
Zimoteu
PEKIN
Tientin
Fokien
Pin
Veytun
Tintsun
Tianin
Tsincheou
Haingann
Pintou
Venntcheou
Kiahotcheou
Tinin
Yichou
Haitcheou
Ditcheou
Petches
Cintchou
Kintcheou
Foqui
Nuami
Bitcha
Tugma
Biten
Zimonoxequi
Yamanguchi
Firanda
Xinan
Cai
Estima
MEACO
Yen
Ackie
Alima
Gaccaa
Guinexum
Ba
Chgnyben
Tunlay
Kinhay
Chinyun
Tetcheou
Sucsima
Chicuon
Firando
BUGO
TONA
Iva
Tosa
Loch Vanguo
Bokye
Utor
Tindo
Cataixi
Queite
Siouteheou
Se
Fonuan
Nankin
Choutcheou
Lioutcheou
Taupi
Soutcheou
Kiahin
Kaoyou
Nantcheou
Tsunnin
Funoma ot
Ouelpaerts I.
Gotto
Meaxima
I. St. Claire
Ieacy
Kunga
Cosuma
Catcuma
Streights of Diemer
Moantcheou
Voakin
Ningue
Gankia
Chinkin
Yankian
Cienton R.
Chufan
Tanaxima I.
Kiwoukin
Hoeitcheou
Nankan
Vaotcheou
Chouteheo
Kioutcheou
Choutcheou
Taitcheou
Kunhya
Chaohin
Ninpo
I. Sombra
Fire I.
Chouteheo
Poutcheou
Quinfinn
Ouentcheou
Lanquin
Nin
Venntchan
Kiennin
R Fuho
Babokzan Isle I.
I. dos Reys Magos
Lequeas I.
Mal

26

세넥스의 아시아 지도
Map of Asia by Senex

세넥스
영국, 1710년, 종이
98.0×67.0

영국 왕실 소속 지질학자인 존 세넥스^{John Senex}는 18세기 주요 지도 제작자이다. 이 지도는 영국과 프랑스의 왕립과학자들이 공동으로 제작한 아시아 지도이다. 우측에는 조지 마크햄^{George Markham}남작에게 세넥스가 헌정한다고 기록되어 있다. 우리나라가 반도로, 동해가 THE EASTREN OR COREA SEA로 표기되어 있고, 만^{Gulf}의 형태로 나타나 있다. 제주도는 Fungma, Quelpaerts I.로 동시에 표기되어 있다.

27

몰의 아시아 지도
Map of Asia by Moll

몰
영국, 1720년, 종이
98.5 x 63.3

영국의 지리학자인 헤르만 몰Hermann Moll은 이민자 출신으로 1380년경 런던에 정착하여 1700년대 초부터 본격적인 지도 제작 사업을 시작하였다.
좌측 지도표제에는 대영제국의 윌리엄 쿠퍼William Cowper에게 헌정한다고 기록하였으며, 터번을 쓴 사람들과 앵무새와 코끼리, 도자기 등 각종 무역품을 그려 넣었다. 이 지도는 아라비아 반도에서 일본까지 나타내고 있으며, 동해를 SEA OF KOREA, 제주도를 Funoma I.로 표기하였다.

28

세넥스의 최신 인도·중국 지도
The Latest Map of China & India by Senex

세넥스
영국, 1721년, 종이
62.4×52.1

세넥스가 그린 중국과 인도 지도이며, 우리나라와 일본, 뉴기니, 티모르까지 포함되어 있다.

우측 지도표제에는 풍성한 과일과 비단옷을 입고 보석을 손에 쥐고 감탄하고 있는 유럽인과 그릇을 보여주는 중국인, 그 주변에는 도자기와 상아, 원숭이, 코끼리, 호랑이 등이 그려져 있다. 이는 유럽인들이 아시아로 항해할 때 기대하였던 풍요로움과 이국적인 무역 사치품을 상징적으로 그린 것이다.

또한, 세넥스는 이 지도를 동인도 회사 EIC: East India Company에 헌정한다고 기록하였다. EIC는 1600년 엘리자베스 여왕이 컴벌랜드 Cumberland 백작이 이끄는 사람들과 상인들에게 왕실 헌장을 수여하며 설립된 곳으로 이들은 수입 및 영토 획득, 군대, 민형사상 관할권까지 행사하는 능력을 부여 받아 막강한 권력을 가진 것으로 알려져 있다.

우리나라의 경우 코리아 왕국 K of Corea로 표기하였고, 동해는 EASTERN SEA, 제주도는 I. Fungma와 Quelpaerts로 함께 표기하였다.

29

오텐스의 남동아시아 전도
Partie de la Nouvelle Grande Carte Des Indes Orientales
Map of Southeast Asia by Ottens

오텐스
네덜란드, 1725년, 종이
63.5×53.8

오텐스 형제Reiner & Joshua Ottens가 제작한 남동아시아 전도로 총 4장의 지도로 구성되어 있다. 4장의 지도 중 두 번째 지도로, 동해가 MER ORIENTALE ou MER DE CORÉE로 표기되어 있으며, 황해 HOANGHAI, 강원KINGYUEN, 경상KINCHAN 등의 표기하였다. 세부 지역 명칭도 비교적 상세히 기록되어 있으며, 제주도는 I. Quelpaert로 표기되어 있다.

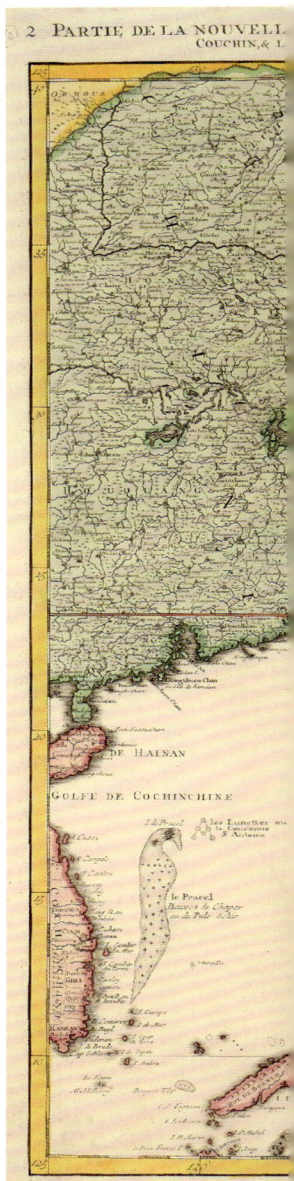

30
당빌의 조선왕국전도 *Royaume De Corée*
Complete Map of Empire of Coree by D'Anville

당빌
프랑스, 1735년, 종이
43.1. x 51.8

프랑스의 지도 제작자인 장 밥티스트 부르기뇽 당빌Jean-Baptiste Bourguignon D'Anville이 중국 청나라 강희제康熙帝의 명을 받은 예수회 선교사들이 제작한 『황여전람도皇輿全覽圖』에 수록된 지도를 바탕으로 다시 편집하여 제작하였다. 그래서 이 지도는 1735년에 장 바티스트 뒤알드Jean Baptiste Du Halde가 간행한 『중국제국 및 타타르 전지Description de la Chine et de la Tartarie Chinoise』에 처음으로 실렸다.

서양 최초 우리나라를 독립된 국가로 표현한 지도이며, 18세기 유럽의 동아시아 지도 모델이 되었다. 19세기 중반까지 서양 지도에 등장하는 우리나라의 보편적인 모습을 나타내는데 영향을 미쳤다. 지명은 한자를 중국식으로 읽어 표기하였다. 수도 한성은 경기도KING-KI-TAO로 표기하였고, 우리나라의 수도Capitale de la Corée를 표기하였다.

독도Tchian-chan-tao와 울릉도Fan-ling-tao가 표기되어 있으나, 위치가 서로 바뀌어 표시되어 있다. 지도표제에는 조선 왕국ROYAUME DE COREE으로 기록하였으며, 인삼을 들고 있는 노인의 모습을 그려 넣었다.

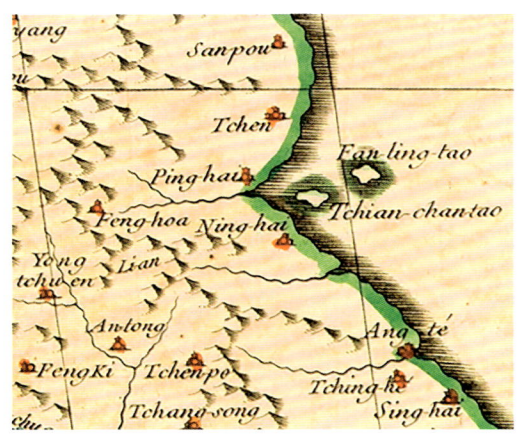

80

31
뒤알드의 『중국지』 Description géographique, historique, chronologique, politique et physique de L'empire de la Chine et de la Tartarie chinoise
Description of Empire of China by Du Halde

뒤 알드
프랑스, 1735년, 종이
28.9×44.3

뒤알드는 프랑스 파리에서 태어났으며, 예수회 신부로 중국 관련 문헌들을 발간한 것으로 유명하다. 특히, 1735년에 나온 『중국지』는 총 4권으로 이루어졌으며, 예수회 선교사들이 남긴 자료를 바탕으로 중국과 만주의 지리, 역사, 정치, 자연에 대한 내용을 담고 있다. 중국에 관해 아주 상세하고 정확하게 서술된 최초의 저술로서, 오늘날에도 중국에 관한 가장 가치있는 문헌 중에 하나로 손꼽히고 있다.

4권에는 당시 프랑스의 왕실 지리학자 당빌이 작성한 조선왕국전도가 수록되었는데, 우리나라를 고려국 KAO LI KOUE과 조선왕국 ROYAUME DE COREE, 조선의 중국식 표기 TCHAO-SIEN를 함께 기록하였다.

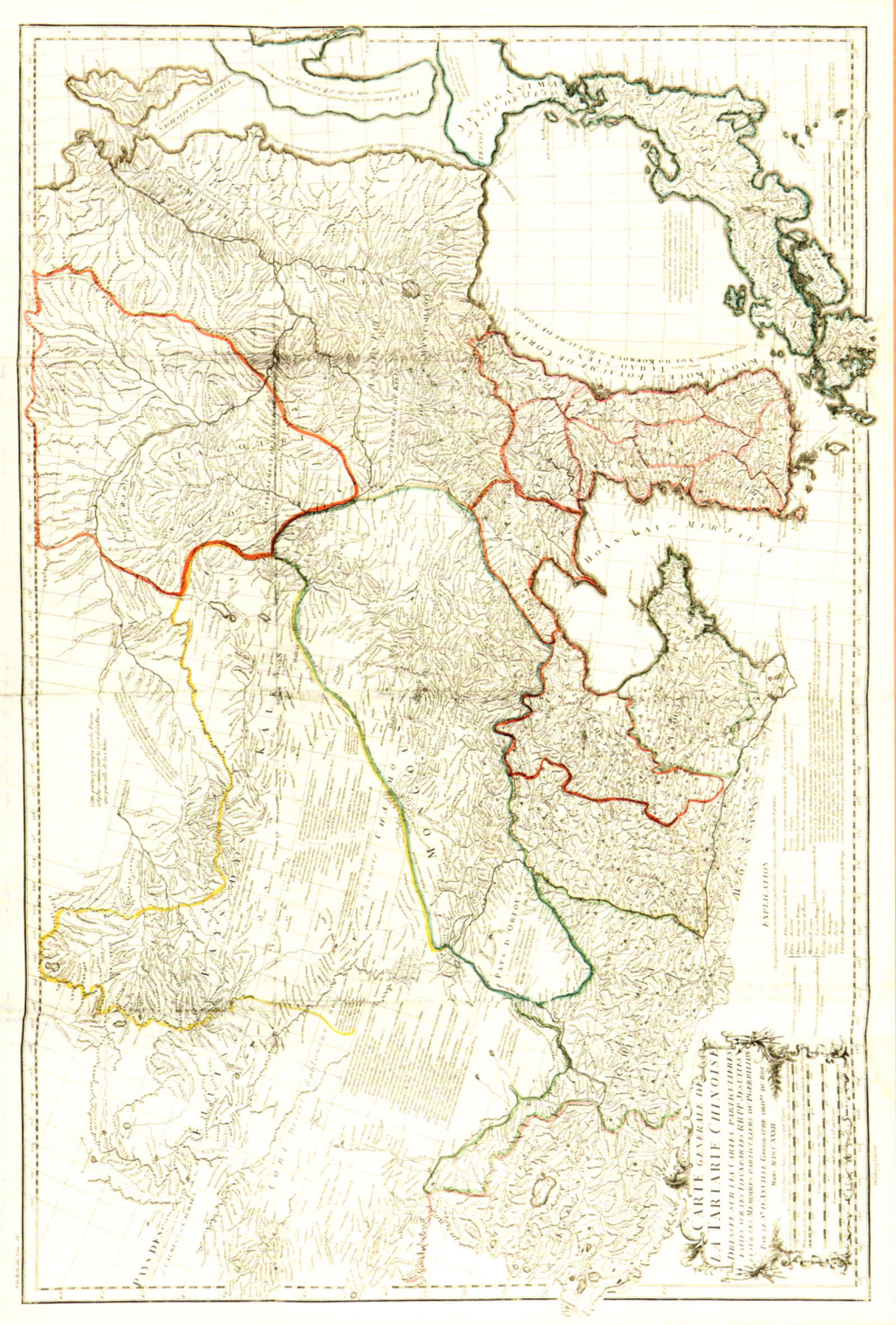

32

몰의 중국과 일본 지도
Map of China & Japan by Moll

몰
영국, 1736년, 종이
38.2 x 32.4

이 지도는 몰이 제작한 동판지도로, 축척은 약 6,750만 분의 1이다. 17세기에 비해 우리나라의 윤곽선이 서서히 실제와 비슷해지고 있다. 동해를 Sea of Corea로 표기하였으며, 태평양은 The Great South Sea로 표기하였다. 그 밖에도 수도 Chausien와 백두산 M.Chanpe을 표기하였고, 제주도는 Funoma로 Fungma를 잘못 표기한 것으로 보인다. 그리고 우리나라의 윤곽은 중국의 나홍선羅洪先이 제작한 광여도廣輿圖를 참조한 것이다.

33
『보웬 지도첩』 *Atlas by Bowen*
Atlas by Bowen

보웬
영국, 18세기, 종이
32.5 x 52.3

영국의 엠마뉴엘 보웬Emanuel Bowen이 제작한 지도첩이다. 보웬은 영국 조지 2세와 프랑스 루이 15세의 전속 지도 제작자였다. 이 지도첩에는 총 23개의 지도가 포함되어 있는데, 그 중 4개의 지도에서 동해를 모두 Mare Di Corea라고 표기하였다.

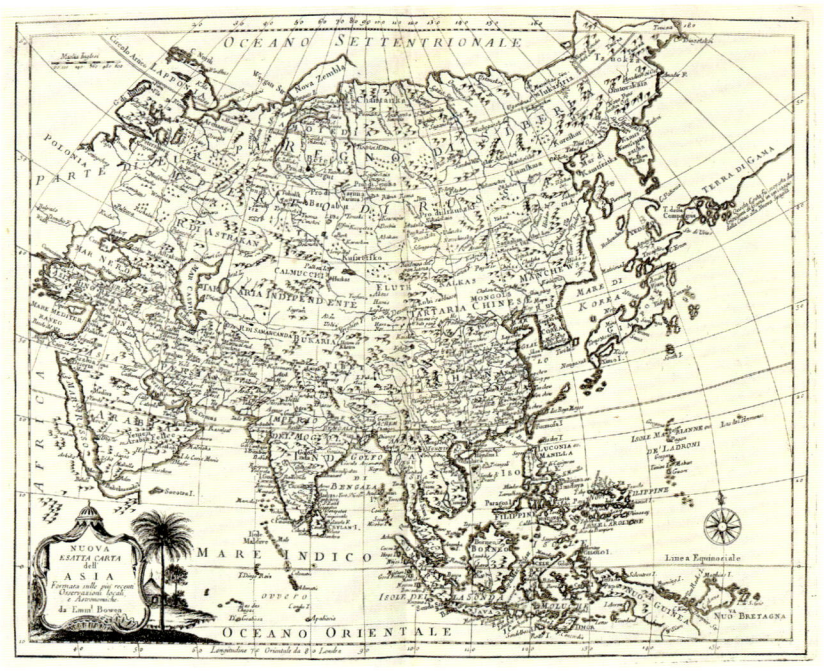

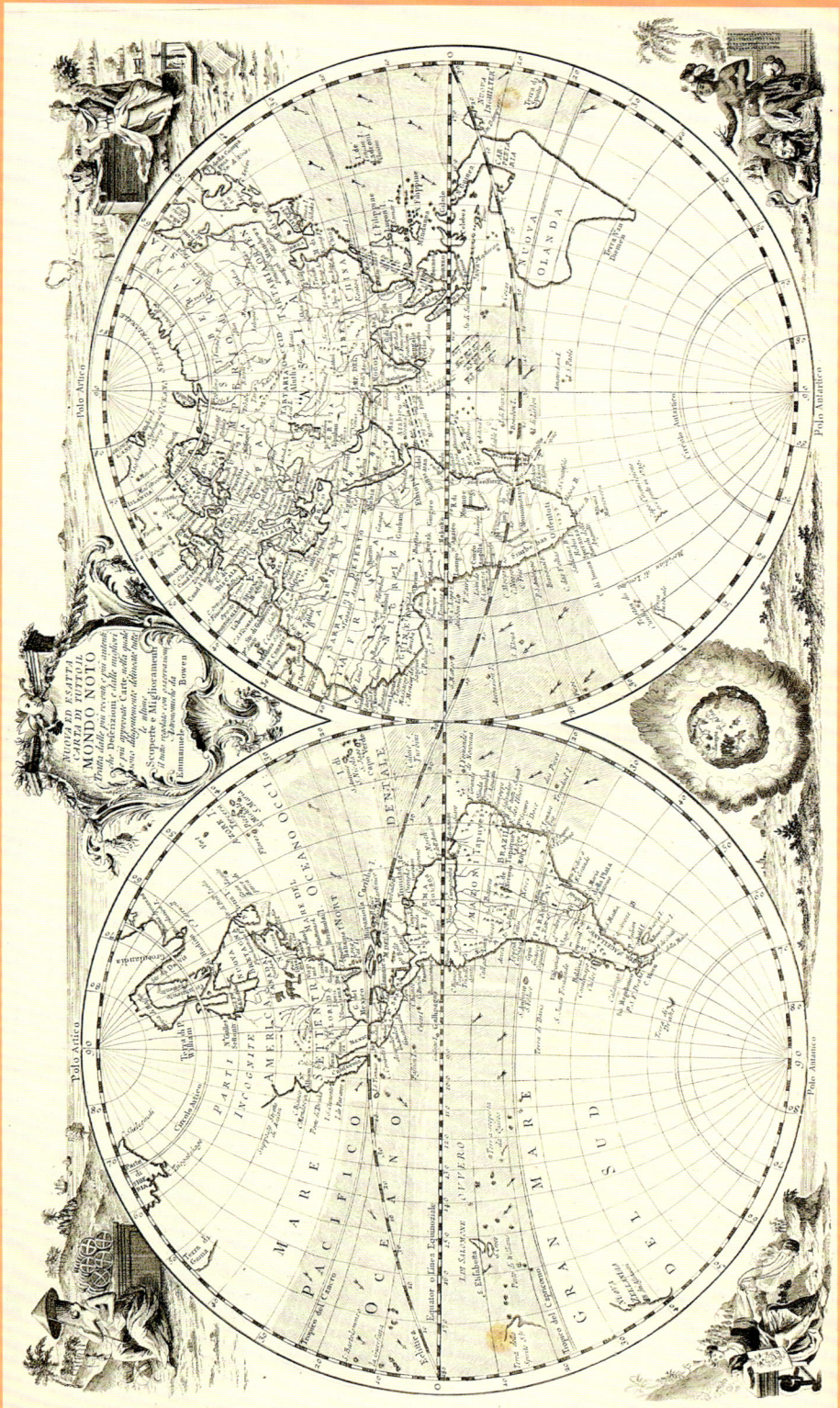

34

보웬의 최신 세계해도
The Latest Chart of the World by Bowen

보웬
프랑스, 1744년, 종이
28.9 x 44.3

보웬이 그린 세계해도로, 우리나라를 KOREA라고 표기하였다. 그리고 동해 Sea of korea와 수도 Kingkitau를 표기하였다.

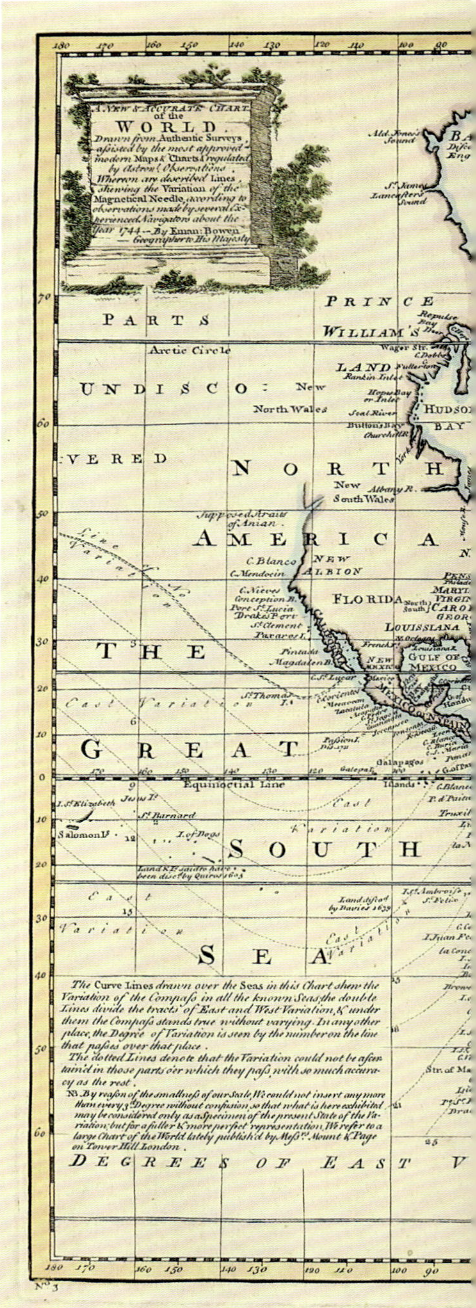

35

프레보의 『여행의 역사』 *Histoire Générale des Voyages*
History of Travel by Prevost

프레보
프랑스, 1745~1789년, 종이
23.3 x 29.5

프랑스의 소설가이자 성직자, 역사가인 앙투안 프랑수아 프레보Antoine François Prévost가 15세기 이후 유럽에서 출판된 모든 기행문을 수록한 여행기 모음집으로 총 19권이다. 프레보가 서문을 쓰고 레지스 신부Jean-Baptiste Régis가 쓴 글을 정리하여 수록하였고, 헨드릭 하멜Hendrik Hamel의 『네덜란드선의 제주도 난파기와 조선국기Relation du Naufrage d'un Vaisseau Hollandois』도 소개하였다. 프레보는 생전 15권까지 완성하였고, 나머지는 그의 사망 후 다른 사람에 의해 계속 추가되어 모두 19권으로 완성되었다. 우리나라와 관련된 내용은 5~7권에 각각 소개되었다. 5권에는 「중국 지도와 가장 가까운 조선과 타타르 부분 지도La Chine avec la Corée et les Parties de la Tartarie les plus voisines」가 실려 있고, 6권에서는 「조선, 동부 타타르, 티베트 길Description de la Corée, de la Tartarie Orientale & du Tibet」장에 우리나라가 소개되어 있다. 7권에는 「카타이 또는 킨제국의 지도Carte du Katay ou Empire de Kin」가 수록되어 있고, 여기에 동해Mer du Corée 명칭이 표기되어 있다. 유럽인들에게 생소했던 조선이라는 나라에 대해 당시 프랑스에 알려진 모든 정보를 집대성하여 소개하였으며, 함께 수록된 우리나라 지도는 영국인 키친Thomas Kitchen이 제작한 지도를 인용하였다.

35-1

벨렝의 중국 지도
L'Empire De La CHINE
Map of China by Bellin

벨렝
프랑스, 종이
40.0 x 28.0

이 지도는 프랑스 왕실 수로학자인 자크 니콜라스 벨렝Jacques Nicolas Bellin의 항해역사 지도첩L'Histoire Generale Des Voyages에 삽입된 중국 지도이다. 우리나라는 ROYAUME DE CORÉE로, 동해는 MER DE CORÉE로 표기되어 있다.

35-2

벨렝의 카타이 지도
Carte du Katay ou Empire de Kin
Map of Katay by Bellin

벨렝
프랑스, 1750년, 종이
23.3 x 29.5

이 지도는 벨렝이 제작한 카타이 지도 Carte du Katay ou empire de Kin로 프레보의 책에 넣기 위해 수정한 것이다. 동해의 명칭은 한국해 Mer de Coree로 표기하였고, 울릉도와 독도 동쪽에 작은 섬으로 표현되었다. 수도는 경기도 King Ki tau, 압록강 Yalo Kiang ou R.Verte의 명칭을 각각 표기하였고, 우리나라와 청의 경계를 압록강 북쪽 및 두만강 동쪽으로 넓게 표시하였다.

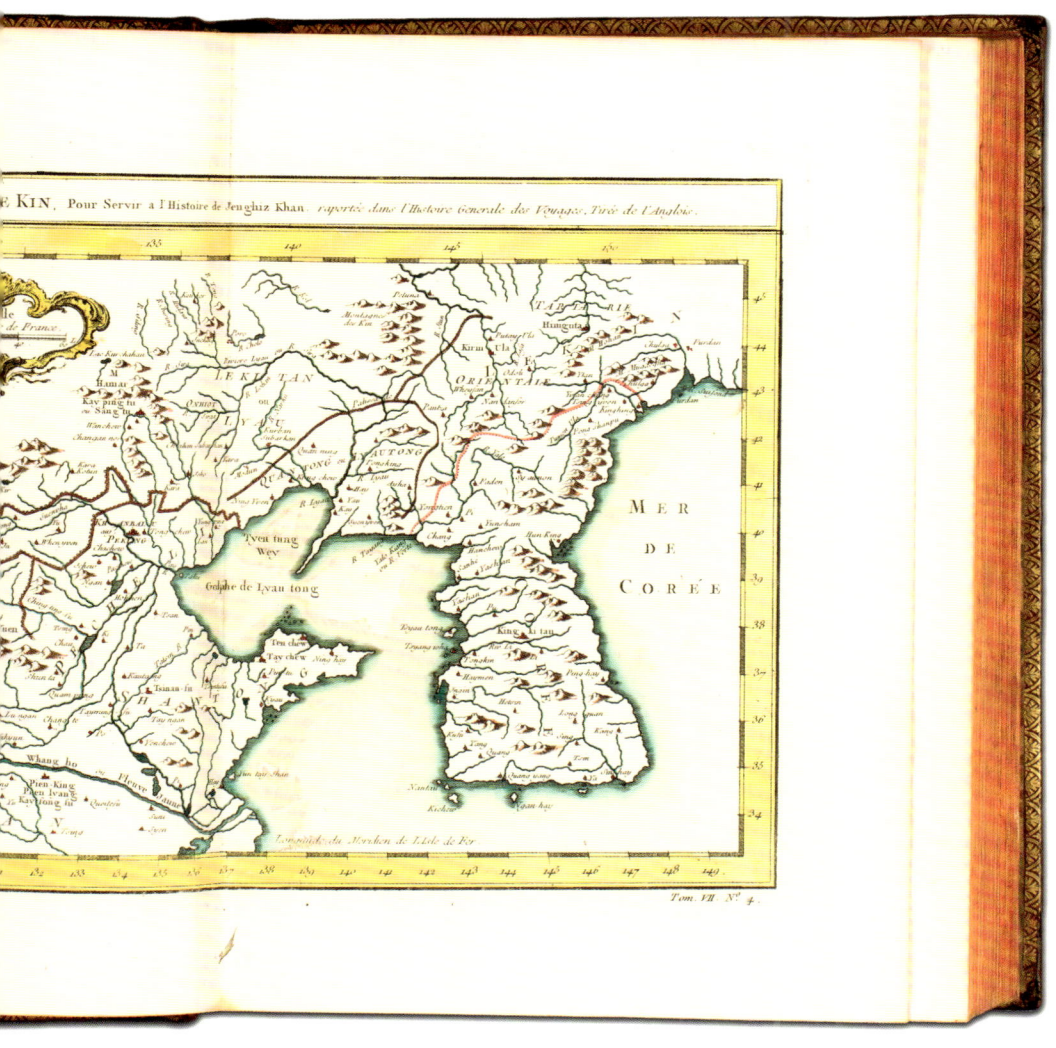

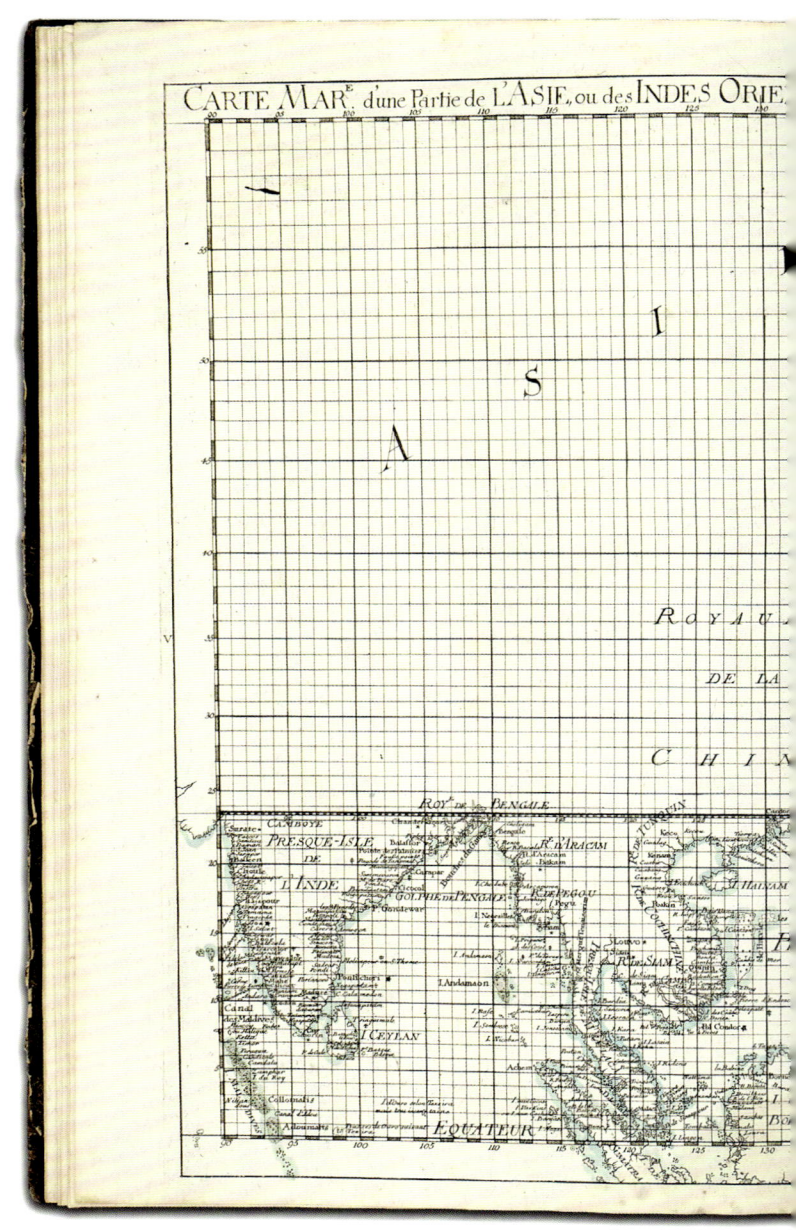

36

브루크너의 『새 해도첩』 *Nouvel Atlas de Marine*
New Sea Atlas by Broukner

브루크너
독일, 1749년, 종이
32.5 x 47.9

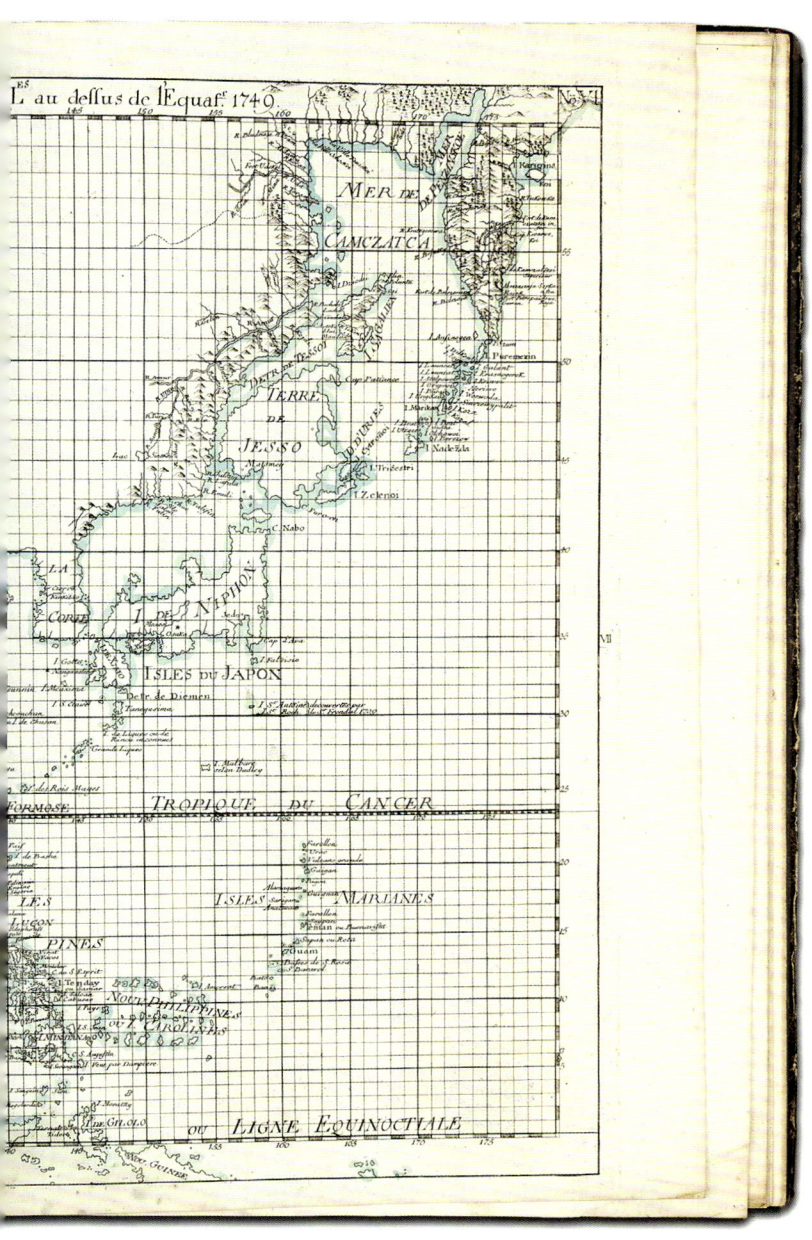

아이작 브루크너Isaac Broukner가 1749년 독일 베를린에서 만든 프로이센 최초의 해도첩으로 희귀성이 높다. 우리 박물관에서 소장하고 있는 이 해도첩은 표지와 속표지가 없어 서지 사항을 정확히 확인할 수는 없으나, 총 14장의 지도가 수록되어 있다. 2번째와 8번째 지도에 우리나라가 소개되어 있다. 2번째 지도는 중앙에 우리나라La Coree가 그려져 있지만 아무런 표기가 없고, 8번째 지도는 중앙에 우리나라가 그려져 있으며, 서울 또는 경기도Cior ou Kinkitato가 표시되어 있다.

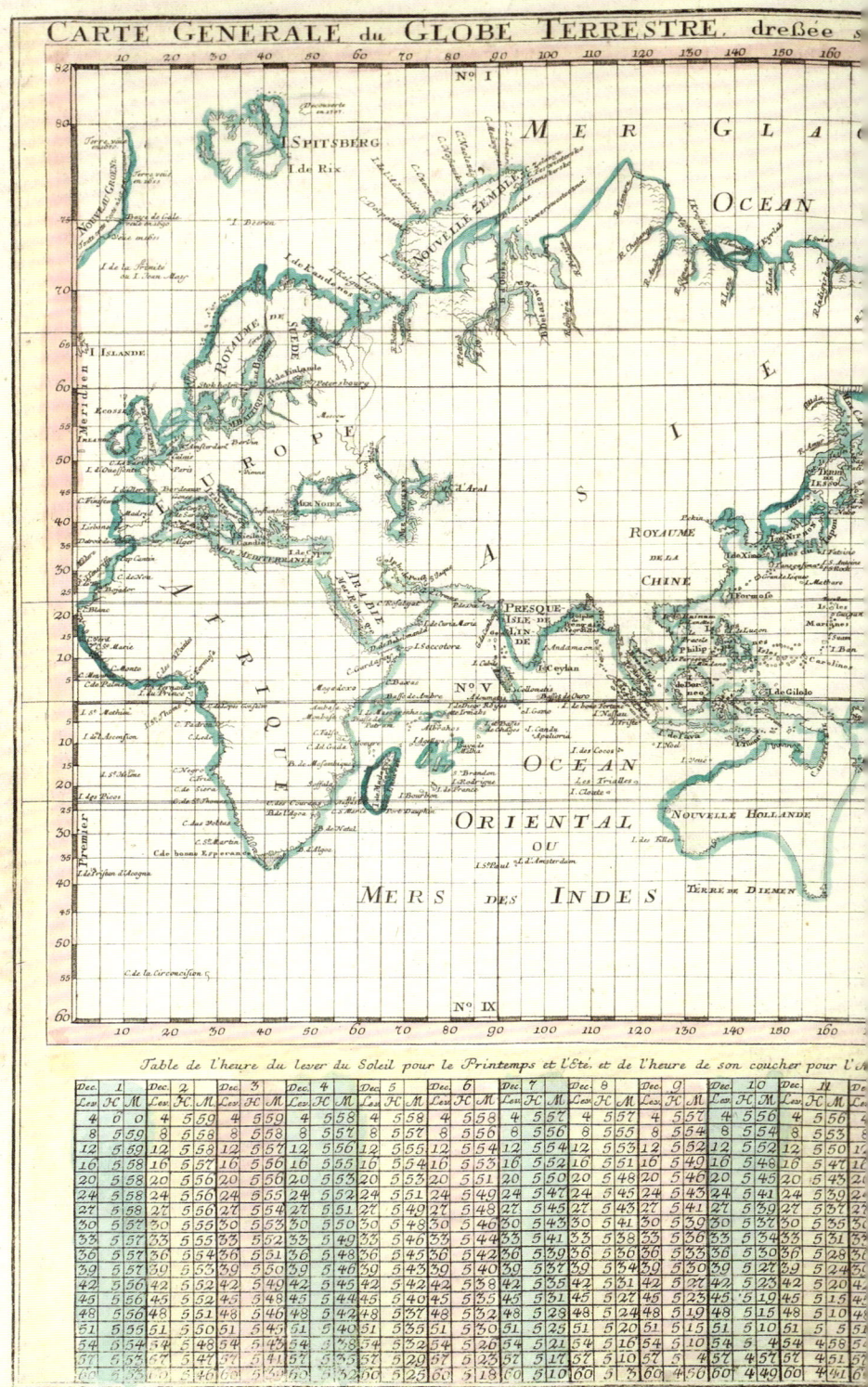

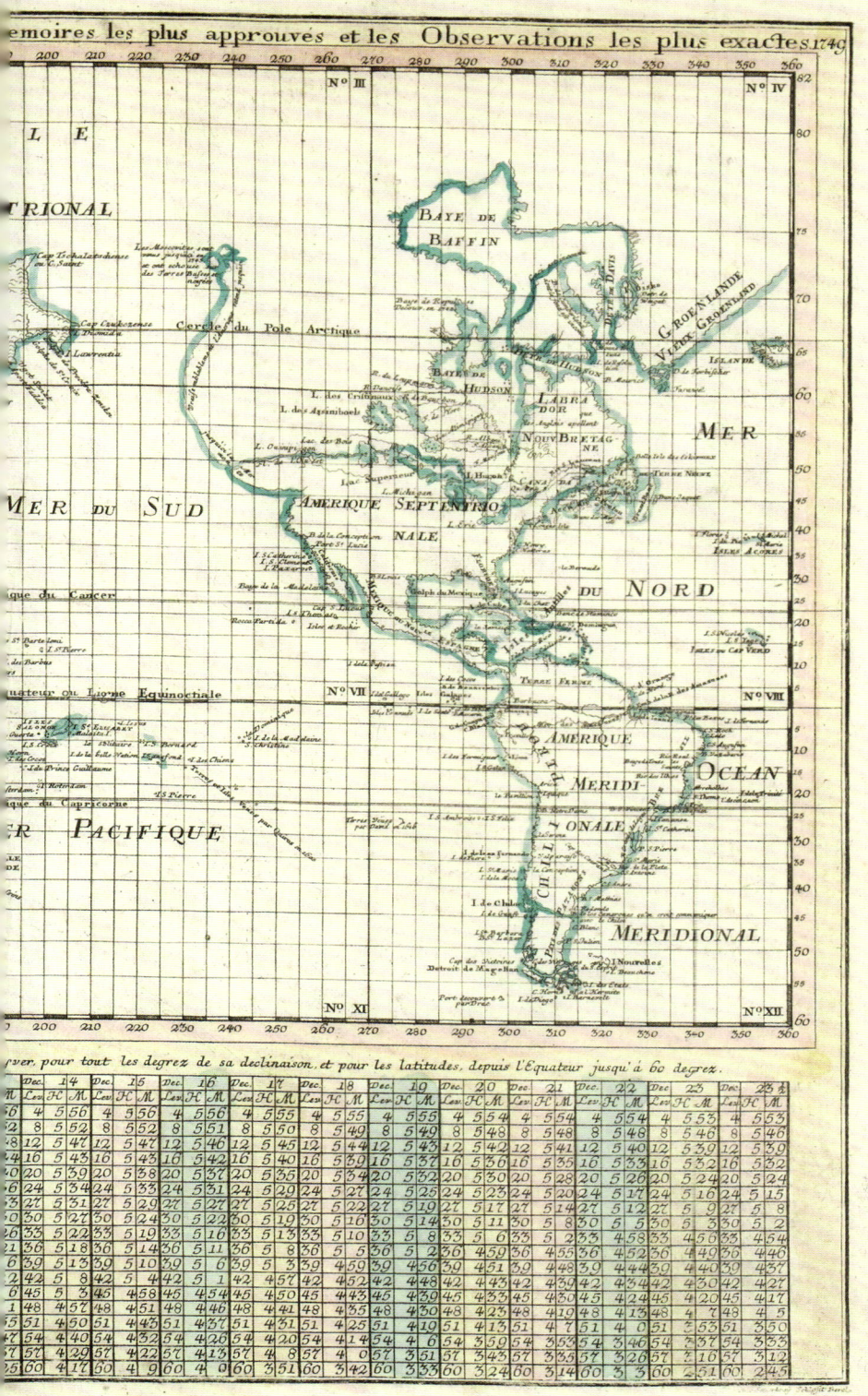

37

보공디의 일본 지도 *L'empire du Japon*
Map of Japan by Vaugondy

보공디
프랑스, 1750년, 종이
77.2 x 54.6

프랑스 왕실지리학자 로베르 드 보공디Gilles Robert de Vaugondy가 제작하였고, 『세계지도책』 ATLAS UNIVERSEL, 도판40에도 실려있다. 보공디 가문은 상송 가문의 먼 친척으로 상송가의 지도 원판을 입수하여 본격적인 지도 제작 사업에 뛰어들었다.
이 지도첩은 드릴과 당빌의 전통적인 지도 제작 방식을 따르는 한편, 과학적 조사에 기초하여 제작한 최초의 지도첩 중 하나로 평가받고 있다.
우리나라KAOLIKOUE ou ROYAUME DE COREE와 세부 지명, 우리나라와 가까운 동해MER DE CORÉE의 명칭이 표기되어 있으나, 일본 해안 부근에 일본해MER DU JAPON로 표기되어 있다. 보공디는 해양명칭을 연안지역을 따라 표시하는 해양축Ocean Arc 방식을 채택한 지리학자이다. 따라서 연안을 따라 해양 명칭이 표시되었다는 것을 이 지도에서 확인할 수 있다.

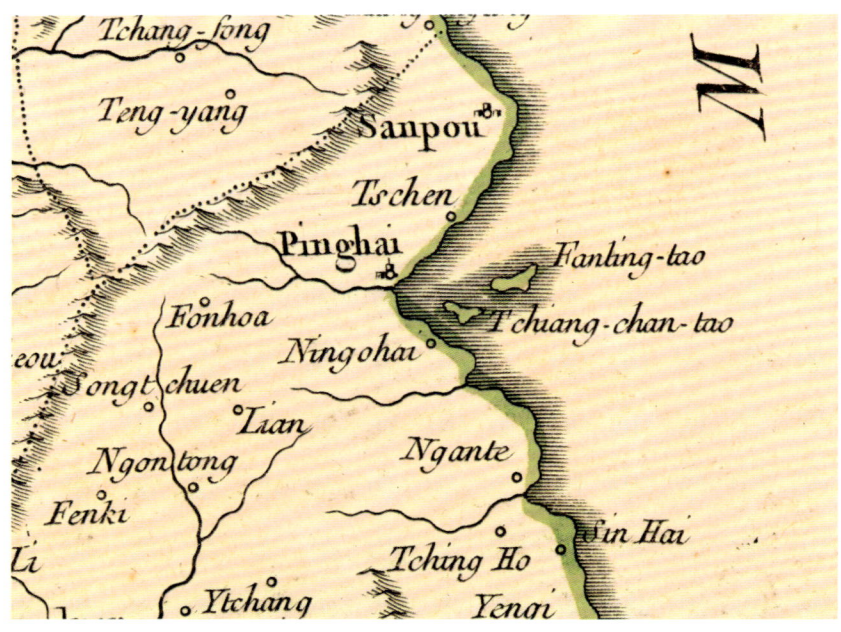

100

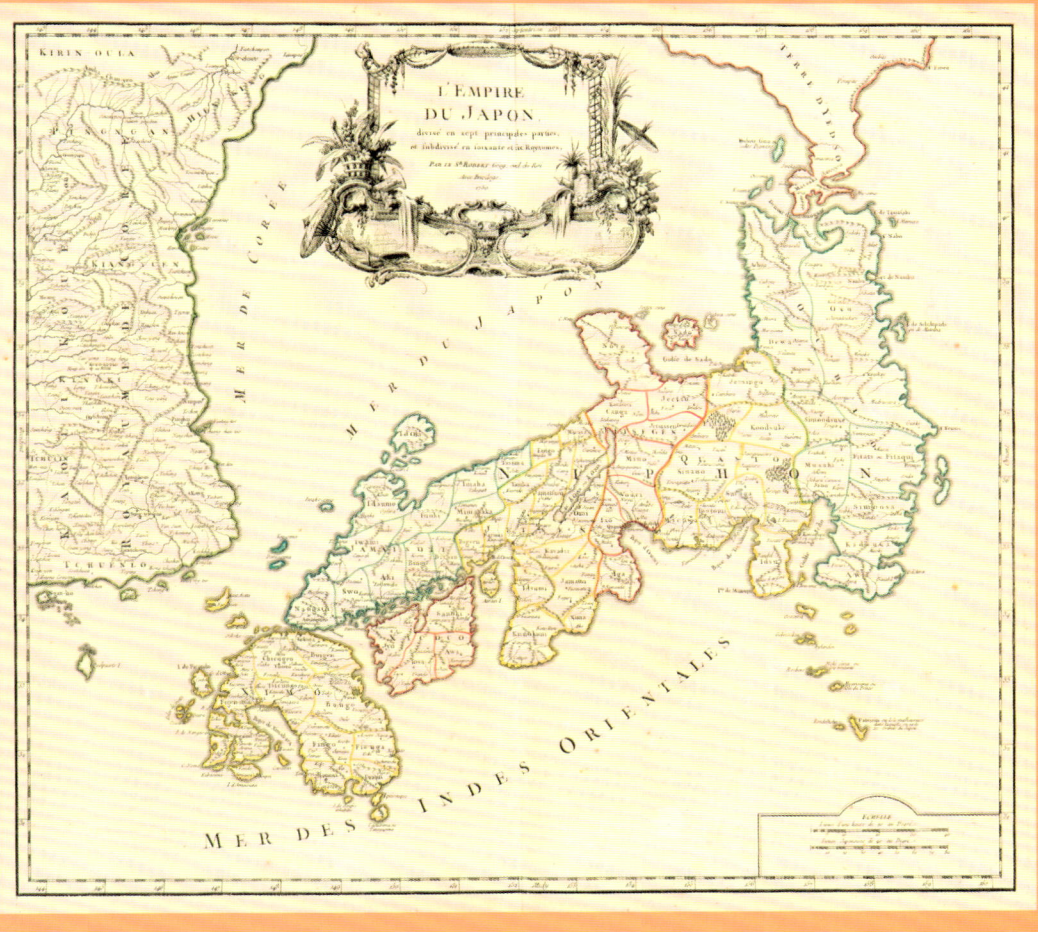

38

드릴의 태평양 북부 지역의 새로운 발견을 표시한 지도
Carte Des Nouvelles Decouvertes au Nord De La Mer Du Sud
Map of New Discoveries in the North Pacific by De L'Isle

드릴
프랑스, 1752년, 종이
69.3 x 52.6

지도 제작자 죠제프 니콜라스 드릴Joseph Nicolas De L'Isle은 기욤 드릴의 동생이다. 그는 러시아 상트페테르부르크에 21년을 머물다 프랑스 파리로 돌아왔는데, 이때 러시아 왕실 과학아카데미에서 가져온 비공개된 정보들과 뷔아쉬Buache의 북서항로에 대한 견해를 종합하여 이 지도를 제작하였다.

상단의 지도표제에는 북태평양, 러시아 캄차카와 시베리아, 프랑스 서쪽의 발견이라 기록되어 있고, 양쪽에 캄차카 거주인과 루이지애나 야만인의 삽화가 그려져 있다. 치르코우Tchirkow와 비투스 베링Vitus Bering을 비롯한 다수의 러시아 탐험가들의 발견과 유럽인들의 항로가 표시되어 있다. 러시아인들은 이 지도를 제임스 쿡James Cook의 탐험 전까지 30여 년 동안 참고하여 사용하였다.

우리나라를 왕국Roy.me DE CORÉE으로, 동해를 한국해MER DE CORÉE, 경기도Kinkitao, 두만강Yalo-kiang, 제주도I. de Quelpaerts 등으로 표기하였다.

102

39

보웬의 일본 지도
Map of Japan by Bowen

보웬
프랑스, 1752년, 종이
28.9 x 44.3

프랑스 파리에서 보웬이 제작한 일본을 상세하게 그린 지도이다. 좌측 지도표제에는 포르투갈과 네덜란드, 예수회 선교사들의 회고에 의해 새롭게 기록된 일본 지도라고 기록되어 있다. 또한, 일본인을 묘사한 남녀의 모습과 동양적인 문양, 소나무 분재 등도 함께 표현하였다. 이 지도에서 우리나라는 표시되어 있지 않지만, 동해를 THE SEA OF KOREA로 표기하였다.

40
보공디의 『세계지도책』 *ATLAS UNIVERSEL*
Atlas by Vaugondy

보공디
프랑스, 1757년, 종이
44.5 x 54.5

프랑스 왕실지리학자 보공디가 루이 15세의 왕명에 의해 제작한 전 세계의 지도를 담은 책으로 세계지도, 아시아, 중국 지도 등이 포함되어 있다. 우리나라 COREÉ, 수도는 경기도 King-Kitao, 제주도 I.de Fungma, 동해 Mer de Corée, 태평양 MER DU SUD 등의 명칭을 표기하고 있다.

CARTE DE L'ASIE
dressée sur les Relations les plus nouvelles,
principalement
sur les Cartes de Russie, de la Chine, et
et divisée en ses Empires et Royaumes,
OCEAN
SEPTENTRIONAL
MER DU SUD
OCEAN ORIENTAL
GOLFE DE BENGALE
AFRIQUE

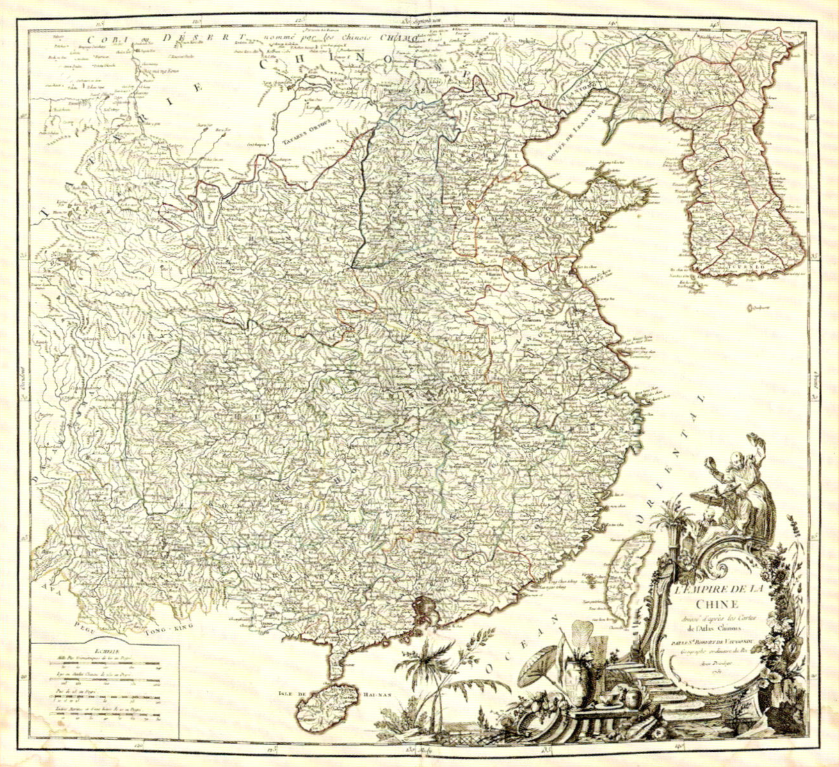
L'EMPIRE DE LA
CHINE
de l'Atlas Chinois.
ISLE DE HAI-NAN
TONG-KING
AVA
PEGU
ECHELLE
OCEAN ORIENTAL

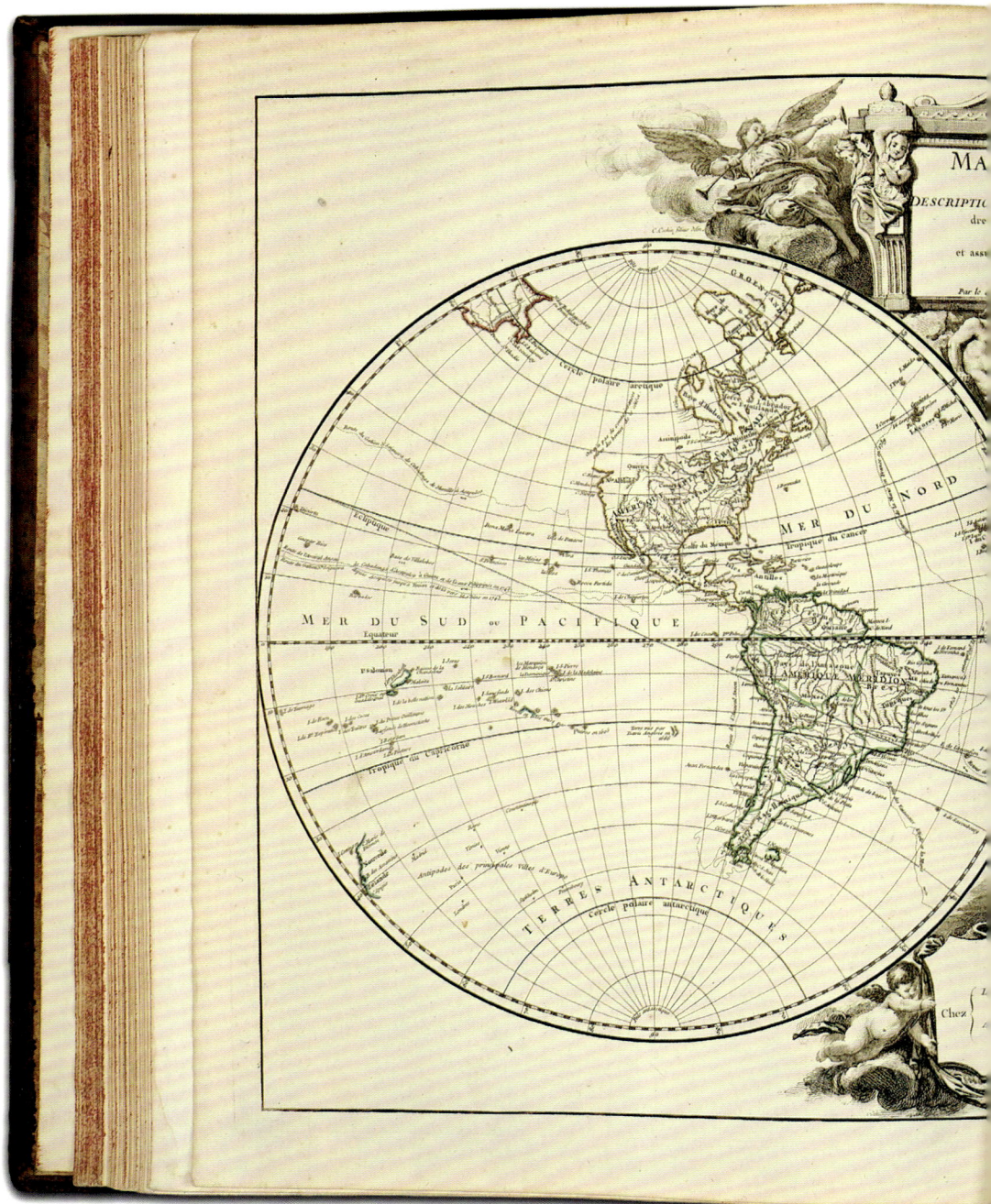

41

벨렝의 『해도첩』
Le Petit Atlas Maritime
Sea Atlas by Bellin

벨렝
프랑스, 1764년, 종이
28.9×44.3

프랑스 수로국에서 50년 이상 복무한 '수로학의 왕'으로 칭송받는 왕실의 수로학자이자 지리학자인 벨렝이 제작한 해도첩이다. 총 5책으로 구성되었으며, 578장의 해도가 수록되어 있다. 3권 1부 2장에 우리나라 관련된 내용이 포함되어 있으며, 우리나라 ROYAUME DE CORÉE, 동해MER DE CORÉE, 제주도 Isle de Quelpaert 등의 명칭이 표기되어 있다.

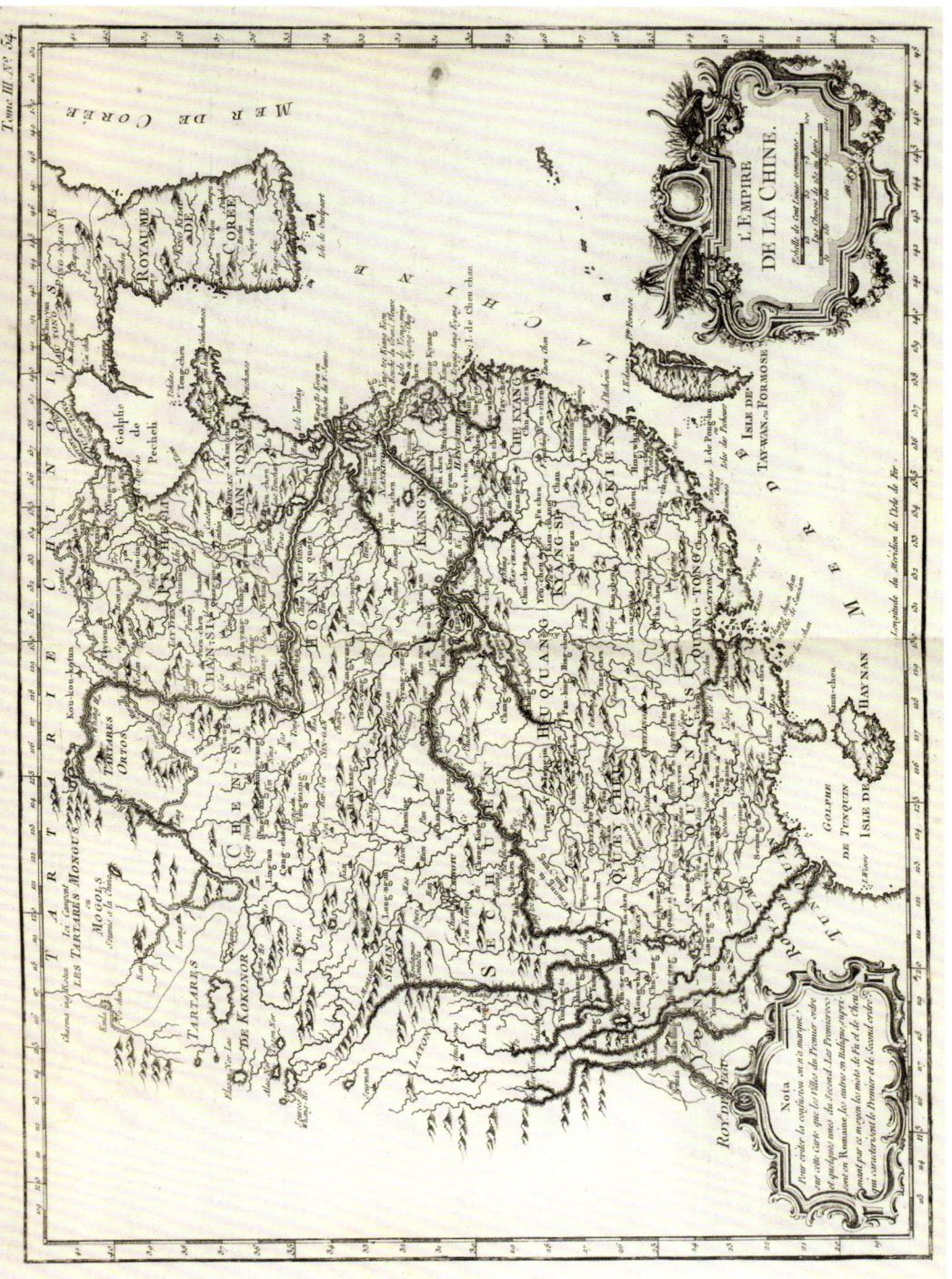

42

벨렝의 카타이 지도
Carte du Katay ou Empire de Kin
Map of Katay by Bellin

벨렝
프랑스, 1770년, 종이
35.6 x 25.5

벨렝이 제작한 카타이 지도이다. 우리나라를 COREE, 동해를 프랑스어로 MER DE CORÉE, 네덜란드어로 ZEE VAN KORÉA로 표기하였다. 대마도를 함께 표시했지만, 울릉도와 독도는 표기하지 않았다. 네덜란드어를 혼용하였고, 프랑스 축척을 사용하였다. 이 지도는 이탈리아어, 영어, 네덜란드어 등으로 번역되어 유럽 전역에 출간되었다.

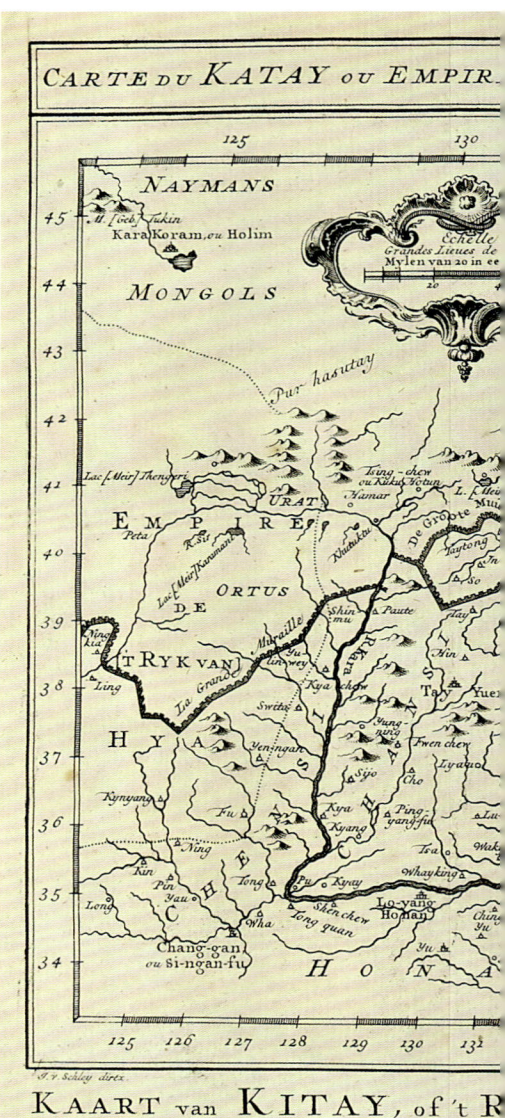

112

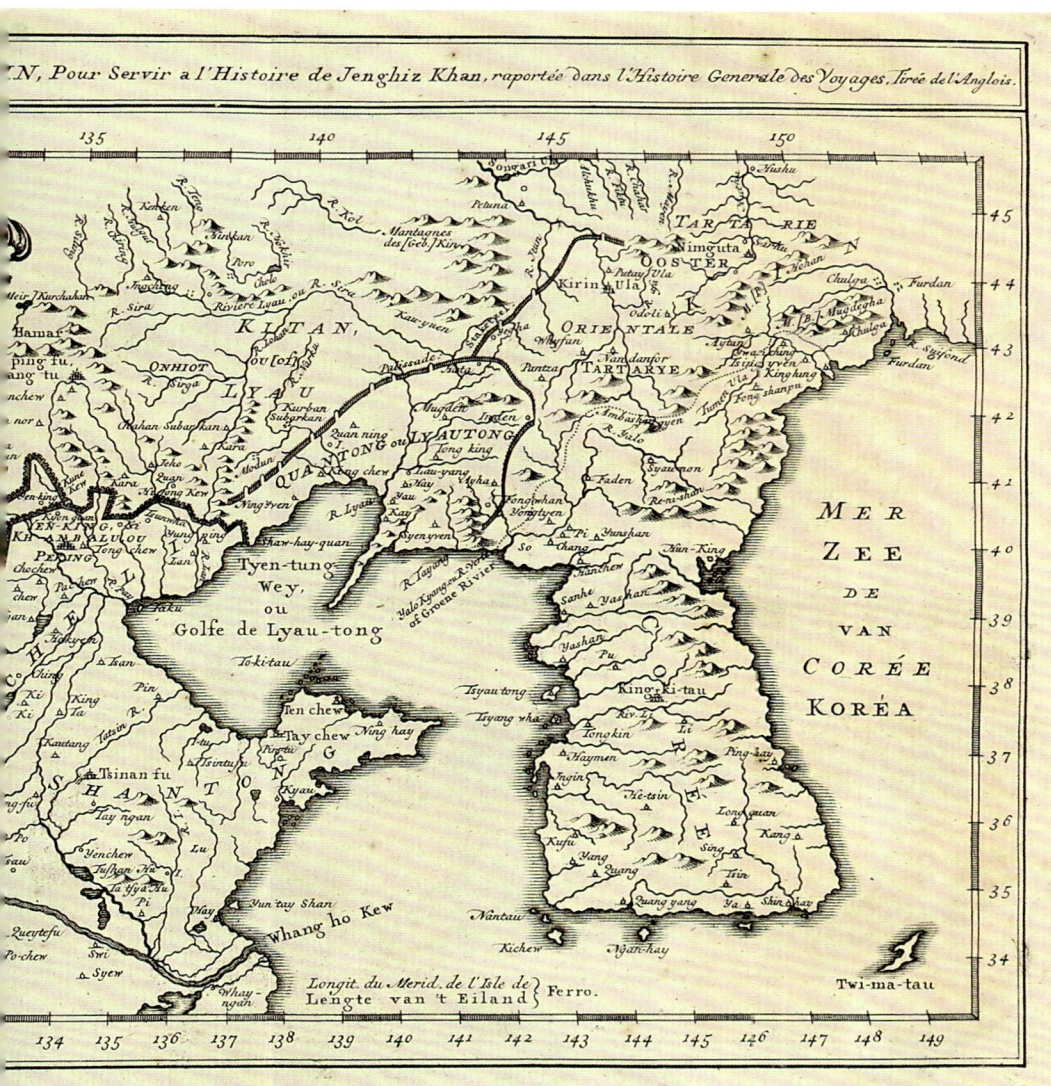

43

던의 세계지도 *Scientia Terrarum et Coelorum*
Map of the World by Dunn

던
영국, 1781년, 종이
128.1×55.2

사무엘 던Samuel Dunn이 제작한 세계지도로 당빌도 제작 과정에 함께 참여하였다. 총 2장으로 구성되어 있는데, 상단에 '과학과 지구SCIENTIA TERRARUM ET COELORUM'로 제목을 붙였다. 가운데 두 반구를 그린 세계지도에는 항해에 이용할 수 있도록 국경과 강, 산맥, 항로 등이 표기되어 있다. 그리고 지도 주위에 다양한 자료들이 수록되어 있는데, 위도와 경도, 태양 높이의 변화를 알려주는 아날렘마Analemma, 별자리 위치, 태양의 일식과 월식, 기울기를 나타낸 표, 우주의 규모, 태양계의 크기, 메르카토르 도법에 따라 세계를 표현한 도면, 계절의 변화 등을 나타낸 정보들이 수록되어 있다. 우리나라COREA와 한국만COREAN GULF을 각각 표기하였다.

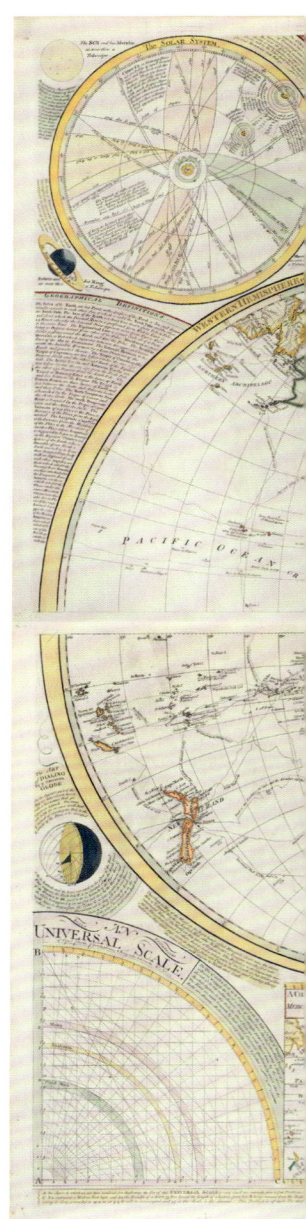

44

모이데이의 항해용 세계지도 *Le Globe Terrestre*
Nautical Chart of the world by Moithey

모이데이
프랑스, 1785년, 종이·천
107.1×76.2

프랑스 모이데이Maurielle Anthoine Moithey에 의해 만들어진 항해용 세계지도이다. 당시 유명한 항해가들의 항로가 표시되어 있으며, 색깔별로 프랑스, 스페인, 영국, 네덜란드, 러시아 5국의 항로가 구분되어 있다. 지도의 상하에는 삽화가 그려져 있고, 네 모퉁이에는 지구의와 천구의 등의 항해 도구가 그려져 있다. 당시에 흔하지 않았던 컨버스로 만든 두 개의 반구를 그린 세계지도로, 모서리가 해지지 않도록 지도를 잘라서 천을 뒷면에 배접한 것으로 그 방법이 특이하고 드물다. 우리나라를 CORÉE로 표기했으나 제주도는 기록되지 않았다.

45

몬드헤어의 아시아 지도 *Carte d'Asie*
Map of Asia by Mondhare

몬드헤어
프랑스, 1786년, 종이
144.7×115.6

프랑스의 루이스 죠세프 몬드헤어Louis Joseph Mondhare에 의해 제작된 아시아 지도이다. 지도 주변에는 성서와 관련된 그림이 그려져 있다. 학문적인 측면이나 항해용으로 사용되기 보다는 회화적, 장식적인 기능이 크다. 우리나라ROY DE COREE, 동해MER DE COREE, 제주도Quelpart 등의 명칭을 표기하였다.

46

던의 아시아 지도
Map of Asia by Dunn

던
영국, 1794년, 종이
56.4×45.6

던이 제작한 아시아 지도로, 1794년에 영국 런던의 로리 앤 휘틀Laurie & Whittle 사에서 출판하였다. 우측 하단 지도표제에는 영국인과 러시아인들의 새로운 발견을 통해 주요 국가와 지역을 구분하여 기록하였다. 우리나라 COREA, 수도인 경기도Kingkitao, 동해를 한국만Gulf of Corea 등으로 표기하였다. 동해가 육지로 둘러싸여 있는 만으로 인식되기는 했지만 그 명칭은 분명하게 표기되어 있다. 당시 지도 제작자들은 다른 사람이 그린 지도를 참고하거나 외국에 대한 서로 다른 종류의 자료를 바탕으로 지도를 제작하였기 때문에 본인이 잘 모르는 지명이나 명칭에 대해 부정확한 경우가 종종 있었다.

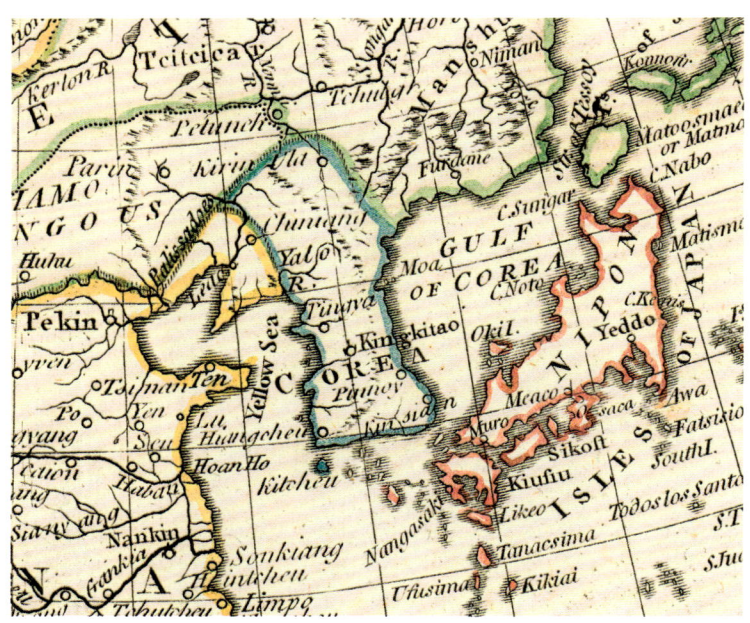

19세기

19세기에 이르러 유럽의 식민주의와 제국주의는 절정에 다다랐다.
특히, 영국은 이 시기에 전 세계의 바다를 장악하여 영원히 해가 지지 않은
대제국으로 발전하였다. 그리고 더이상 우리나라로 찾아온 이양선들도
우연히 표류해 오거나 탐사활동을 나선 배들이 아니었다.
쇄국鎖國정책으로 일관하던 우리나라에게 통상通商관계를 요구하면서
그 접촉의 단계를 점차 높여가고 있었다.

47

리잘스의 세계지도 *Chart of the World on the Mercator's Projection*
Map of the World by Lizars

리잘스
영국, 1834년, 종이
77.5×61.0

영국의 다니엘 리잘스 Daniel Lizars가 제작하고 에든버러 Edinburgh에서 발행한 메르카토르 방식의 세계지도이다. 많은 세계를 탐험한 항해가들의 항로와 탐험 일자가 함께 수록되어 있다. 동해 부근을 한국만 GULF of COREA으로 표기되었다. 대략 18세기 후반부터 19세기 중반까지 서양 고지도에는 동해가 'Gulf of Corea'라는 명칭으로 표기되기도 한다. 이렇듯 이 당시의 지도들에서 우리나라는 당빌의 영향에서 다소 벗어나 변화되거나 간략하게 표현되고 있다.

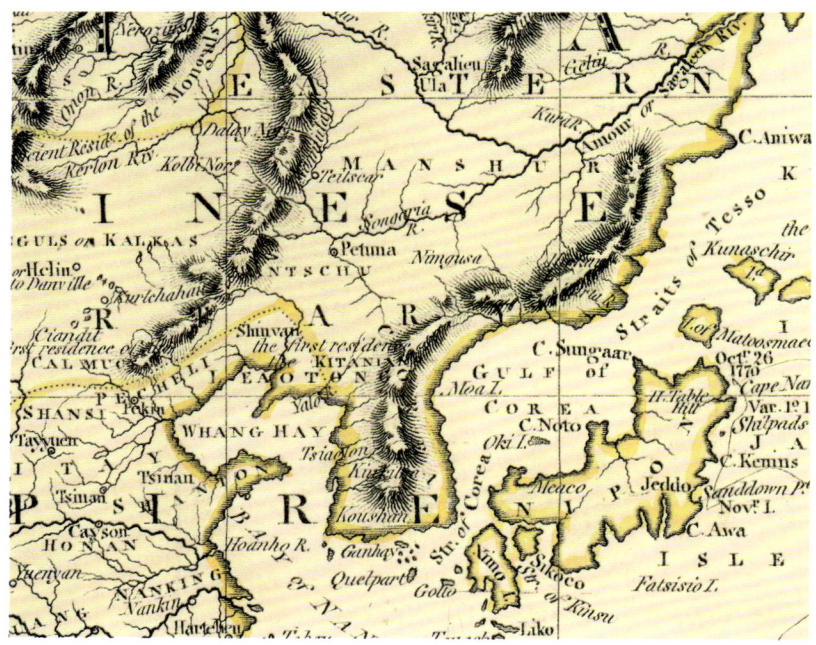

48

미첼의 중국 지도
Map of China by Mitchell

미첼
미국, 1846년, 종이
35.7 x 28.5

사무엘 어거스트 미첼Samuel Augustus Mitchell이 제작한 중국 지도이다. 우리나라의 형태가 왜곡되어 있고, 간단한 지명과 하천이 표시되어 있다. 우리나라COREA와 울릉도를 다즐렛Dagelet으로 표기하였다. 그리고 그 옆에는 아르고노트Argonaut라는 섬이 표기되어 있다. 이는 1791년 아시아로 항해하던 영국 상선 프린스웨일즈Prince Wales호가 울릉도 북쪽에 위치한 섬을 아르고노트로 이름 붙이면서 이후 지도에 이 지명이 등장하게 되었다. 그러나 1852년 프랑스 군함의 관측 조사에서 이 섬의 존재를 확인할 수 없다는 결론을 내려 이 지명은 점차 사라졌다. 그러나 한동안 서양 지도에는 울릉도와 혼용하여 다즐렛, 아르고노트를 동시에 표기하기도 하였다.

49

우리나라, 중국 일부 지도 *CORÉE, PARTIE DE LA CHINE*
Map of Korea & Part of the China by Vandermaelen

밴더매른
벨기에, 19세기 후반, 종이
68.4 x 53.4 / 66.2 x 53.4

필리프 밴더매른Philippe Vandermaelen이 작성한 우리나라와 중국의 일부를 나타낸 지도이다. 이 시기 대부분의 지도가 프랑스, 영국, 스페인 등에서 제작되었지만 이 지도들은 벨기에에서 제작되었다. 하지만 19세기임에도 불구하고 우리나라의 형태가 부정확하게 표현되었다. 우리나라와 중국과의 경계선이 압록강 북쪽지역에 그려져 있고, 항해 탐험가의 항로와 일자가 상세하게 표시되어 있다.

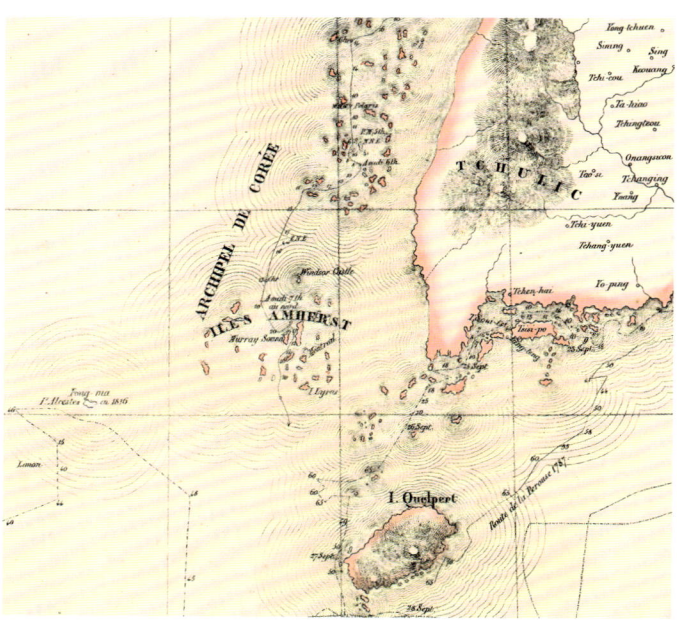

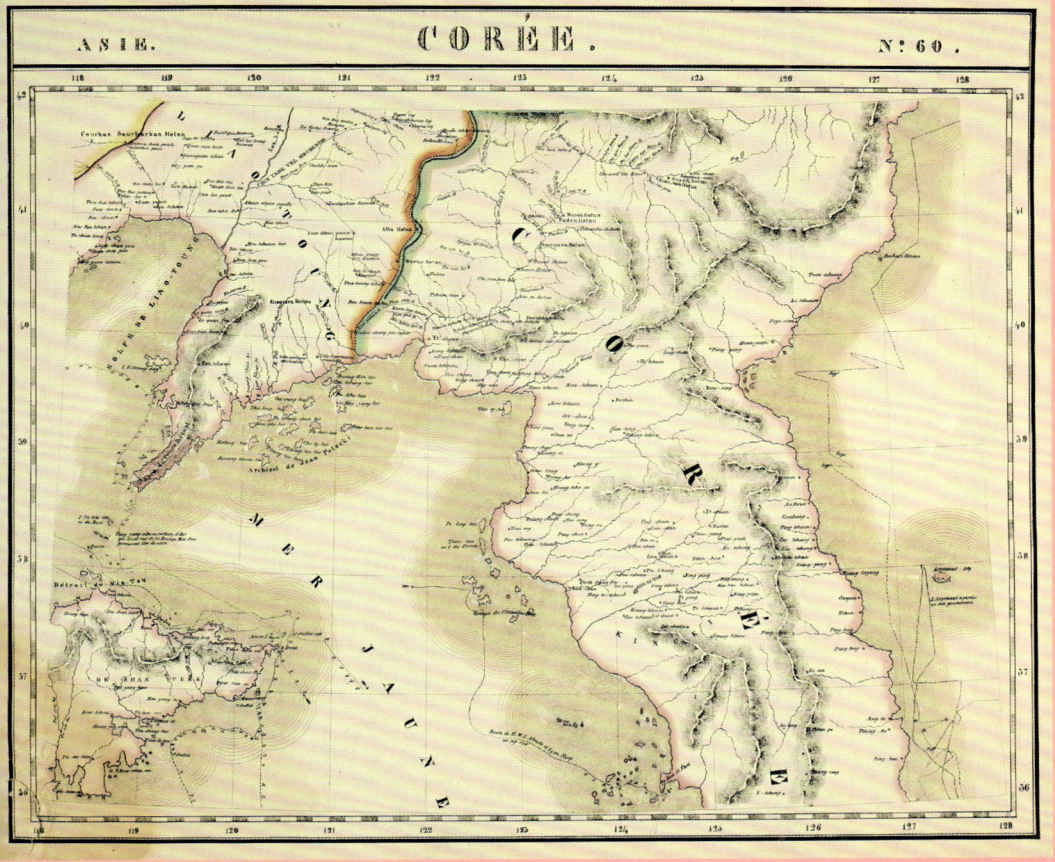

20세기

해도는 해상을 통한 교역과 소통의 공간으로 나타나며, 이러한 해도는
우리 시대의 흐름에 맞춰 계속 발전되고 있다.
가죽에서 종이로, 그리고 종이에서 모니터로 계속해서 변화되고 있지만,
소통의 미디어라는 본질은 변하지 않았다.
향후 다양한 현실을 반영하는 해도가 개발될 것이며, 우리는 이 허도를 이용하여
미래를 항해하게 될 것이다.

50

『두라도의 해도첩』 Fernao Vaz Dourado Atlas
Sea Atlas by Durado

두라도
포르투갈, 1948년, 종이
37.0 x 53.8 x 2.5

포르투갈 해도 제작자 두라도Fernao Vas Dourado가 필사한 해도만을 수집하여 1948년 포르투갈 정부에서 원본을 영인하여 출판한 것이다. 두라도 해도첩 중 12번째 아시아 해도에는 우리나라를 비롯하여 중국과 일본 등이 그려져 있다. 일본은 지도의 오른쪽 구석에 새우 모양을 한 섬으로 그렸으며, 그 바로 왼쪽에 우리나라를 뾰족한 부분이 있는 둥근 형태로 그렸다. 우리나라를 최초로 콤라이 해안Costa de Comrai이라고 표현하였다. 그리고 해안에 표시된 'doladrois'는 '도둑의' 란 뜻이다. 당시 동양이 서양에 잘 알려지지 않았기 때문에 우리나라의 모양이 부정확하게 그려졌다. 두라도 해도 이후 15~16세기의 많은 항해 덕분에 새로운 지리 정보가 수집되면서 아시아 해도는 점차 정확한 모습으로 발전해 나간다.

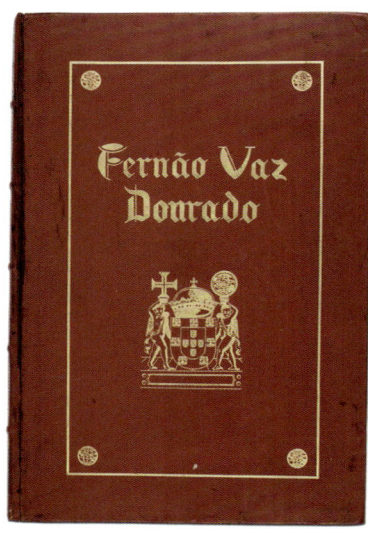
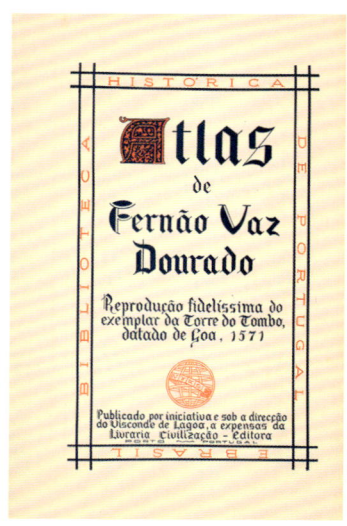

51
천문 지도 *Orbis Coelestis Typus Opus by V. Coronelli*
Celestial Globe Gores by Coronelli

코로넬리
이탈리아, 1965년, 종이
72.5 × 55.0

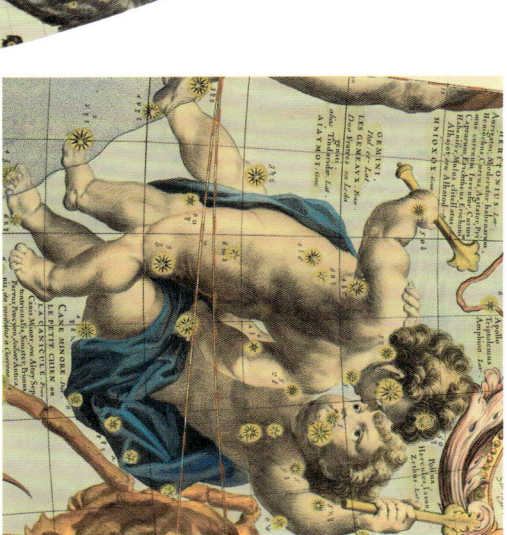

코로넬리가 제작한 천구의 도면이다. 코로넬리는 근대 지리학의 창시자이자 지구의, 천구의 제작자는 기본인데 가장 명성 높은 인물로 17세기를 대표하였다.

구체의 외면에 이런 대상을 그려 넣었는지에 따라 구체의 이름이 바뀌는데, 우리가 흔히 아는 지구의 Terrestrial globe는 지구를 구형으로 보고 그 표면에 경위선, 지형, 지구 표면의 상태를 나타낸 것이고, 천구의 Celestial globe는 지구를 우주의 중심으로 가정하여 별들을 구 형태의 지도에 표현한 것이다. 또한, 천구의는 하늘을 하나의 구로 생각하여 별과 별자리, 하늘의 적도와 황도 등을 내타낸다.

이 천문 지도는 코로넬리가 1600년대 말에 제작한 천구의 동판을 1965년에 다시 인쇄하여 채색한 도면이다. 이 도면을 순서대로 붙이면 직경 110cm의 대형 천구의를 제작할 수 있고, 쌍둥이자리, 게자리, 사자자리 등 여러 별자리가 예술적으로 표현되어 있다. 별자리 아래에는 이탈리아어, 프랑스어, 라틴어, 그리스어로 각각의 별자리 이름이 쓰여 있다.

137

항해기

●

해양 탐험가에게 바다는 언제나 예측 불가능한 공포 그 자체였다.
아무도 가보지 못한 길, 이름 붙여지지 않은 미지의 공간이 탐험가들에게
과연 어떤 의미로 다가 왔을까?
미지의 땅에 대한 바람을 기록한 항해기를 통해 우리는
그들이 지닌 타지에 대한 동경과 욕망을 엿볼 수 있을 것이다.

01

캡틴 쿡 선장의 『항해기』
Account of Captain Cook's Voyage

쿡
영국, 1773·1777·1784년, 종이·가죽
26.7 x 33.6 x 4.5

제임스 쿡은 영국의 탐험가이자 항해가로, 우리에게는 '캡틴 쿡'으로 잘 알려져 있다. 쿡은 영국왕립협회와 해군본부의 결정에 따라 1차, 2차에 걸친 탐험을 통해 백지와 같은 남태평양을 항해하면서 최초로 섬들을 발견하고 섬들의 이름을 붙였다. 뿐만 아니라 이전 탐험가들이 발견한 섬과 대륙을 확인하고 잘못된 기록들을 수정하였다. 또한, 고대 그리스 시대부터 전해 내려온 남방 대륙에 대한 사실 여부를 확인하고, 섬과 대륙을 지도에 그려 넣었다. 그는 1차에 뉴질랜드와 오스트레일리아를 탐험하고, 2차는 1772년 남극권, 3차는 1776년 북태평양에서 출발하여 베링Bering 해협을 지나 북빙양에 도착하였다. 3차 항해에서 북서항로를 찾아 떠났지만 그들이 기대하였던 북서항로가 없는 사실을 확인하고 돌아왔다. 그러나 그는 3차 탐험 중 1778년 하와이로 다시 들어갔을 때 원주민에게 살해당하고, 생존한 선원들이 그의 마지막 항해기를 완성하여 책으로 발간하였다. 이 항해기는 쿡 선장의 3차례 항해 기록을 모은 '남반구 항해기', '남극과 세계일주 항해기', '북반구 항해기'로 구성되어 있다.

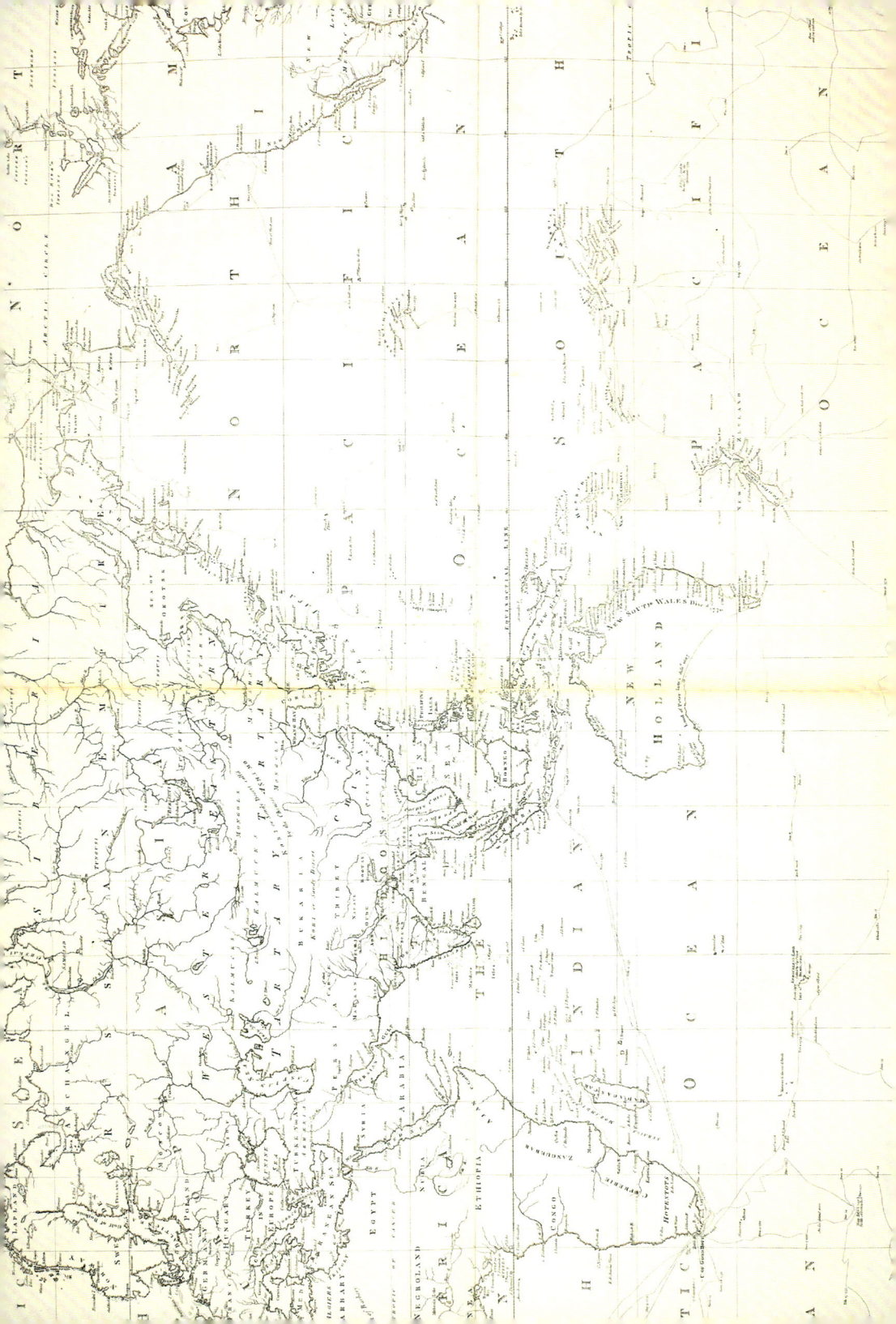

02
라페루즈의 『세계 일주 항해기』 Voyage de La Pérouse autour du monde
Voyage Around the World by La Pérous

라페루즈
프랑스, 1797년, 종이
45.0 × 62.0 × 2.0~3.5

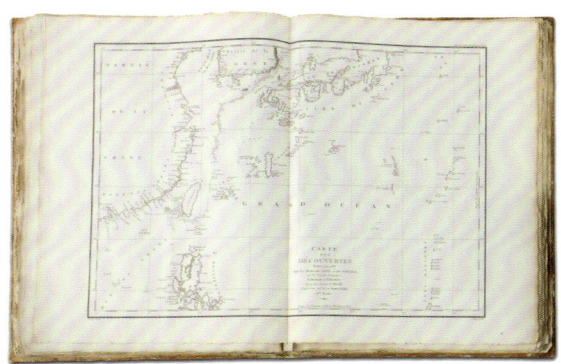
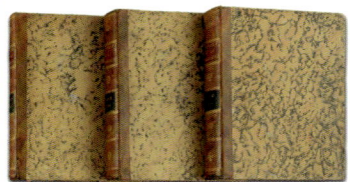

장프랑수아 드 갈롭 드 라페루즈 Jean-François de Galaup, comte de La pérouse 는 1785년~1788년까지 영국의 쿡 선장이 탐험하지 못한 지역에 대해 탐험하라는 루이 16세의 명을 받고 지도에 표시되지 않은 아메리카 서부 대륙 일부와 조선의 동해, 타타르해, 일본의 홋카이도, 쿠릴열도, 캄차카 반도 등을 탐험하였다. 아쉽게도 라페루즈 일행은 보타니 베이 현재 호주 시드니 근처에서 실종되었다. 하지만 러시아 통역관이었던 레셉스 De Lesseps 는 원정 도중 라페루즈의 명으로 그간의 항해일지와 함께 프랑스로 귀국하였고, 원정대 중 유일한 생존자로 남게 되었다. 그 후 항해일지는 세계 여러 나라에서 발간되었으며, 이 항해기는 프랑스에서 출판된 밀레-뮈로 Millet-Mureau 가 편집한 1797년도 초판본이다. 총 4권의 책으로 발간했으며, 지도책 1권을 별책으로 발간하였다. 라페루즈는 서양인 최초로 우리나라의 남해, 동해안을 탐사하여 해도로 제작하였다. 또한, 정확한 위치 측정과 함께 수심을 측량하여 기록하였는데, 이는 우리나라 최초의 해도로 평가되고 있다. 그들은 제주도에 접근하여 제주도 남해안의 해안선과 수심을 측량하였다. 이어 울릉도를 측량하고 배에 동승한 천문학자의 이름을 따서 다즐레 섬 île Dagelet 으로 이름 붙였다. 그 후 1950년대까지 150여 년간 서양 지도에 울릉도가 다즐레 섬으로 표기되었다. 라페루즈 일행의 과학적인 장비를 사용하여 실측한 결과를 통해 남해안의 윤곽이 보다 정교해졌고 제주도와 울릉도도 비교적 상세하게 묘사되어 있다.

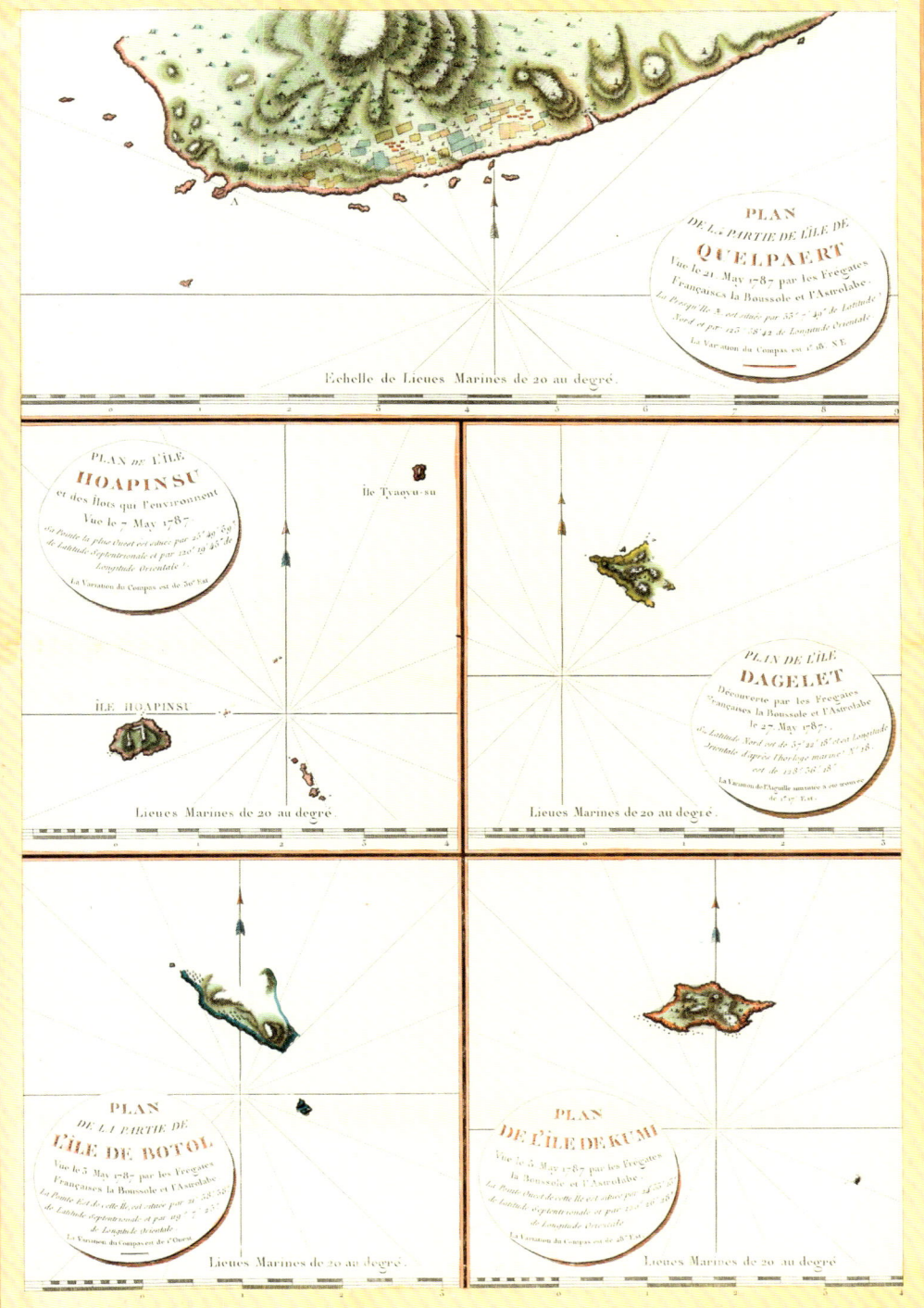

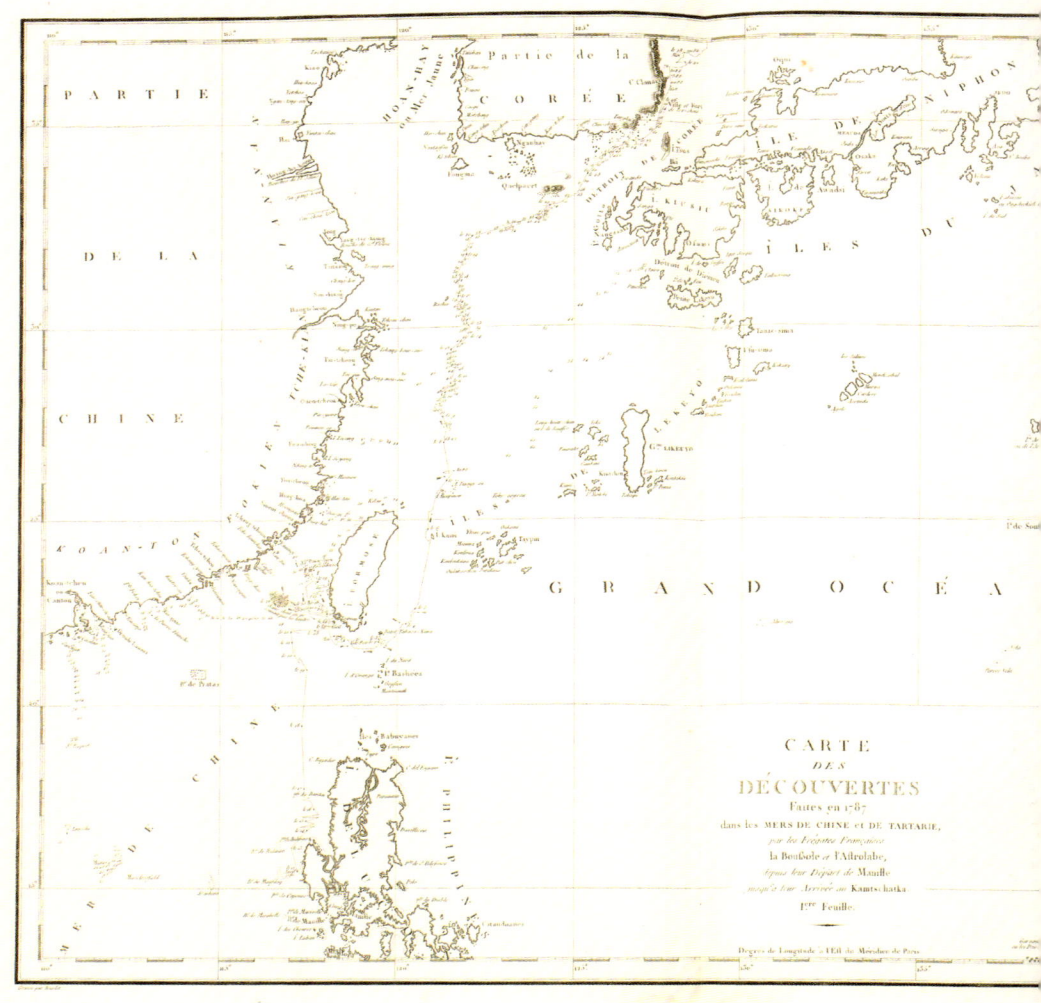

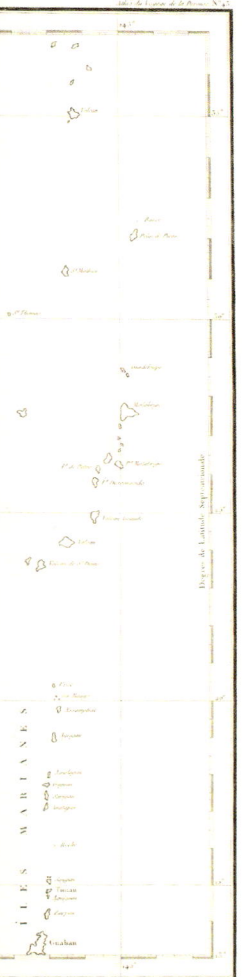

하지만 안타깝게도 이 섬은 외국인과의 모든 소통이 금지된 민족의 땅이다. 그들은 이 해안의 난파한 불운한 사람들을 노예로 삼는다. 스패로우 호크호의 네덜란드인 몇 명은 18년간 포로 생활을 하며 여러 번 매질을 당하다가 겨우 작은 배를 하나 훔쳐 일본으로 건너갔고, 거기서 다시 바타비아를 거쳐 마침내 암스테르담으로 돌아올 수 있었다. 눈앞에 펴놓은 항해기에서 이런 사연을 읽고 나니 도저히 해안가에 보트를 보낼 수가 없었다. 쪽배 두 척이 해안을 떠나 바다로 나오는 것이 보였지만, 우리와 1리외 간격 안쪽으로는 절대 들어오지 않았다. 짐작건대 단지 우리를 관찰하고, 또 어쩌면 조선 해안에 경보를 보내려는 목적 같았다.

ー중 략ー

지금까지 알려진 바로는 어떤 유럽 선박도 이 바다를 지난 적이 없었기 때문이다. 우리가 가진 세계지도에 나타난 이 지역의 바다는 예수회 수사들이 발행한 일본이나 조선 지도를 바탕으로 그려진 것이었다.

ー중 략ー

[27일] 나는 동쪽에 도착했다는 신호를 보냈다. 곧 북북동 방향으로 어느 해도에도 표시되지 않은 섬 하나가 보였다. 조선 해안에서 약 20리외 정도 떨어진 섬이었다. 나는 그쪽으로 접근해 보려 했지만, 섬은 정확히 바람이 불어오는 방향에 있었다. 다행히 밤새 바람의 방향이 바뀌었고, 나는 동이 틀 무렵 섬을 관측하기 위해 다가갔다. 가장 먼저 이곳을 발견한 우리 천문학자의 이름을 따서 나는 이 섬을 다즐레 섬이라고 명명했다.

ー『라페루즈 세계 일주 항해기 1권』중 ー

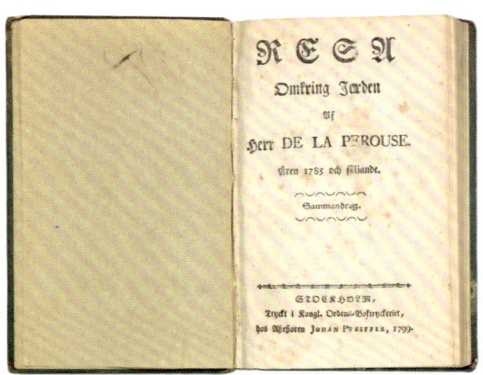

1799년에 쓰여진 라페루즈 항해기 - 스웨덴어판

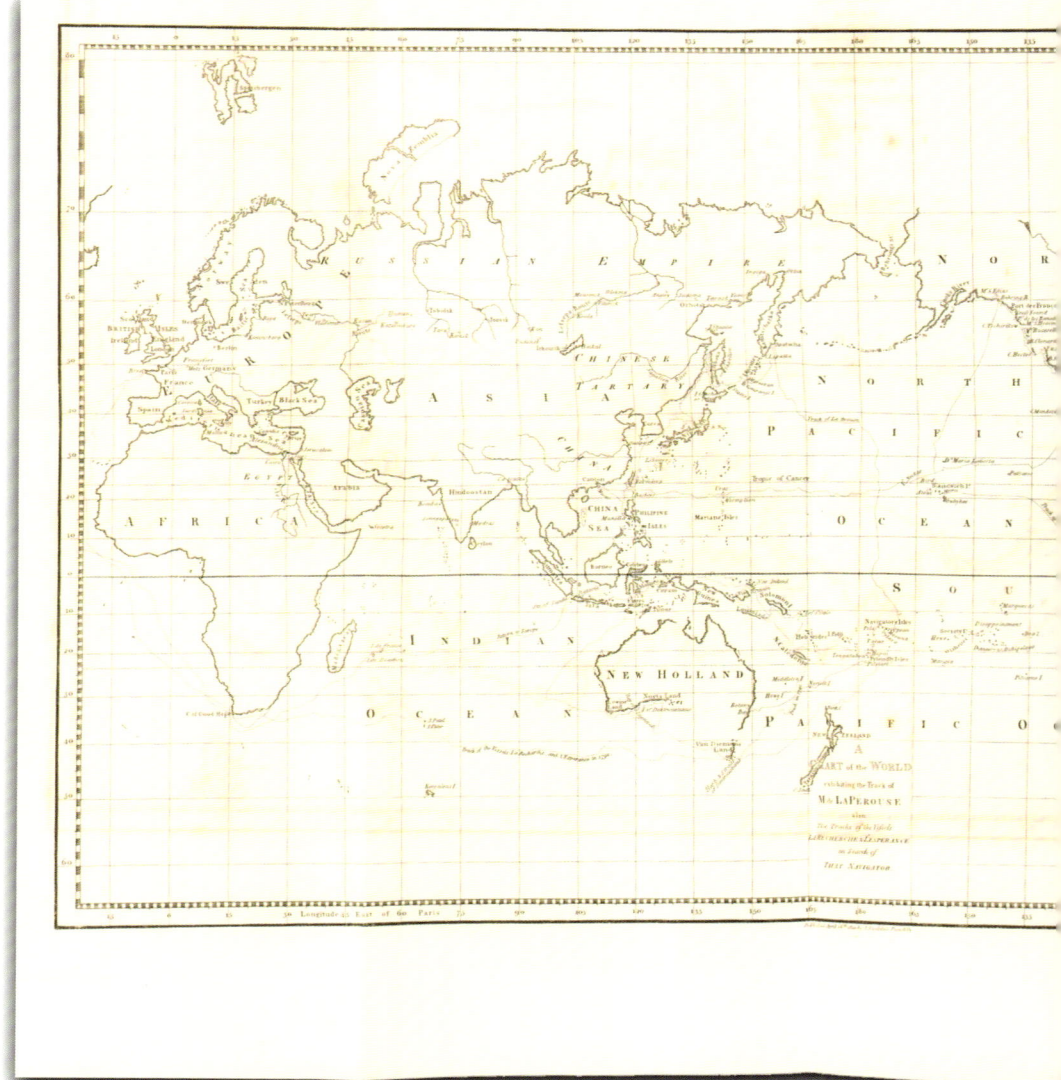

03
『라페루즈를 찾기 위한 여정』
Voyage in search of La Pérous

라빌라디에르
프랑스, 1800년, 종이
25.0 x 29.5 x 4.5

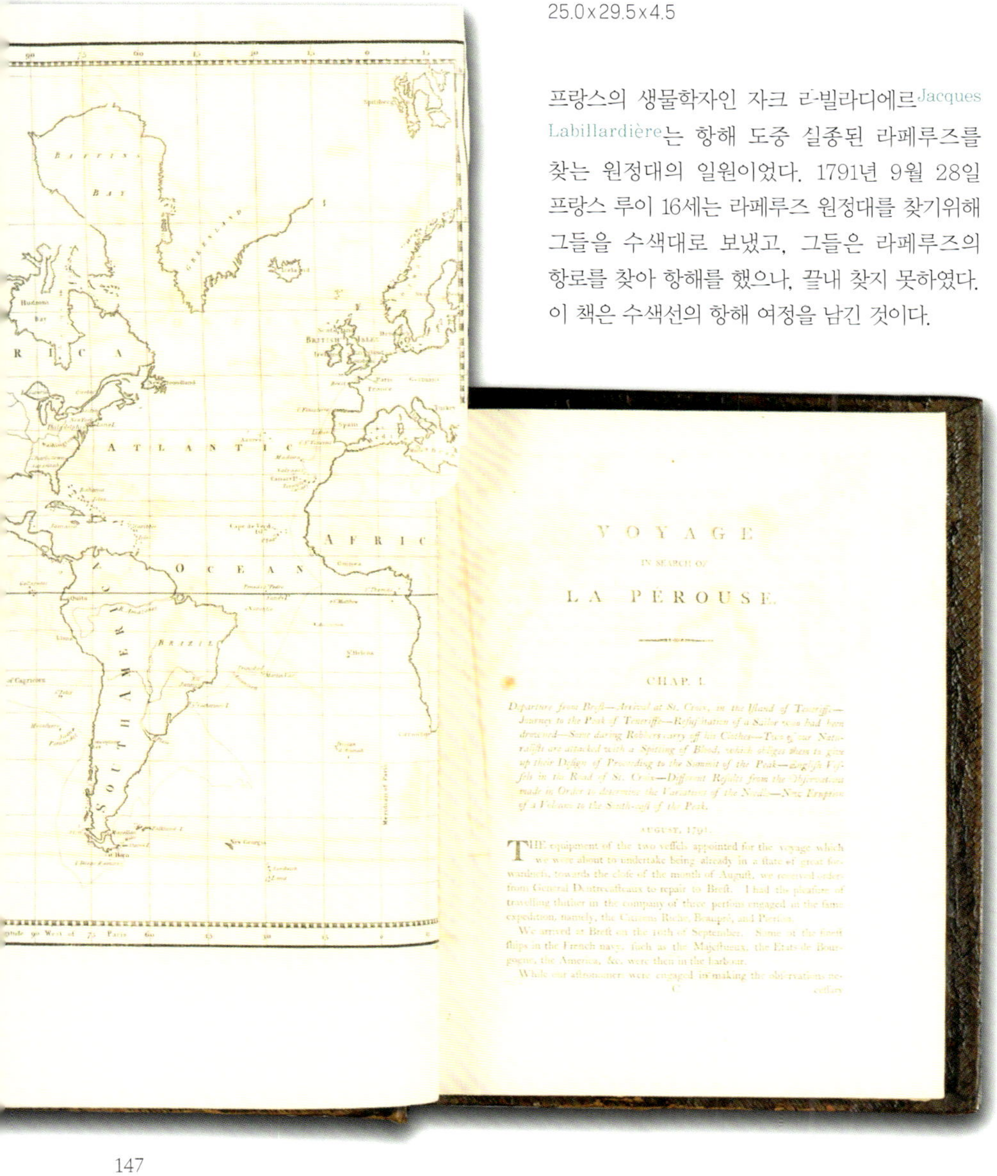

프랑스의 생물학자인 쟈크 르빌라디에르Jacques Labillardière는 항해 도중 실종된 라페루즈를 찾는 원정대의 일원이었다. 1791년 9월 28일 프랑스 루이 16세는 라페루즈 원정대를 찾기위해 그들을 수색대로 보냈고, 그들은 라페루즈의 항로를 찾아 항해를 했으나, 끝내 찾지 못하였다. 이 책은 수색선의 항해 여정을 남긴 것이다.

04

홀의 『조선의 서해안과 일본 류큐 섬 탐사기』
Account of a Voyage of Discovery to the West Coast of Corea and the Great Loo-Choo Island in the Japan Sea

홀
영국, 1818년, 종이
21.5 x 27.4 x 4.4

영국의 군인이자 여행가인 바실 홀Basil Hall은 영국 정부와 청나라의 무역관계를 개선하기 위해 파견된 사절단을 수행하라는 임무를 가지고, 머리 맥스웰Murry Maxwell 함장과 함께 1816년 2월 19일 출항하여 목적지인 천진항에 7월 27일에 도착하였다.

사절단이 임무를 수행하는 동안 홀과 맥스웰은 5개월의 시간적 여유를 가지고 우리나라의 서해안과 류큐 섬에 대한 탐사를 하였다. 귀국길에 바실 홀은 우리나라의 서해와 류큐 지역에 대한 탐사 내용을 항해기로 남겼는데, 이 책이 『조선의 서해안과 일본 류큐 섬 탐사기』이다.

이 탐사기는 1818년에 발간된 초판본으로 우리나라와 류큐 섬에 대한 내용이 담겨있다. 그는 조선 서해안 탐사 중에 육지에 상륙하여 먀량진첨사僉使 조대복, 비인현감庇仁縣監 이승렬과 만나 손동작으로 대화를 나누기도 하고, 조선의 토산품 몇 가지를 수집하여 귀국하였다. 비록 10일 동안 조선 해역에 머물렀지만, 이들의 여행기에는 조선인과 낯선 이방인 사이에 오고간 진기한 일화들이 풍부하게 묘사되어 있다. 우리나라 기록인 『순조실록純祖實錄』, 『일성록日省錄』 그리고 『승정원일기承政院日記』에서도 바실 홀의 탐사와 접촉에 대해 내용이 실려 있기도 하다. 이를 통해 당시 조선인의 외국인과 이양선에 대한 어떤 자세와 인식을 가졌는지 자세히 파악할 수 있다.

O ACCOMPANY THE CHART

OF

ST COAST OF COREA.

ads from 34° to 38° north latitude, and
st longitude. The time of our stay on
nine days, no great accuracy is to be
hart pretends to be little more than an
by chronometers and meridian altitudes
Under circumstances of such haste,
oly been left untouched, and what is
ed with no great confidence.
xtracted from notes made at the time
nyself. The longitudes by chronometer
lly recomputed, and the greatest care
rtaining the various latitudes. The
every instance set down, the variation
t the moment. The variation of the
n this notice, was determined by two
, and the method recommended by
repeating the observations by turning
e way and then the other, was invariably

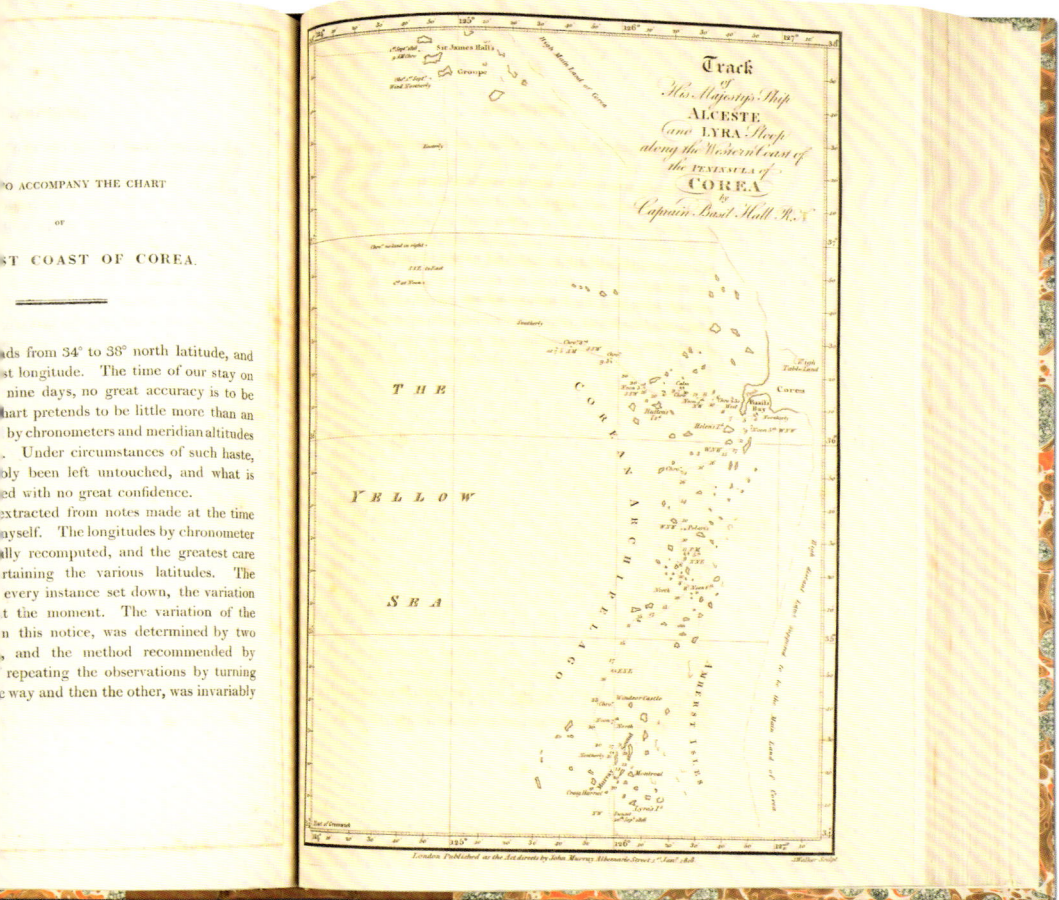

ACCOUNT
OF
A VOYAGE OF DISCOVERY
TO THE
WEST COAST OF COREA,
AND
THE GREAT LOO-CHOO ISLAND;
WITH
AN APPENDIX,
CONTAINING CHARTS, AND VARIOUS HYDROGRAPHICAL AND SCIENTIFIC NOTICES.

BY CAPTAIN BASIL HALL,
ROYAL NAVY, F.R.S. LOND. & EDIN.
MEMBER OF THE ASIATIC SOCIETY OF CALCUTTA, OF THE LITERARY SOCIETY OF BOMBAY,
AND OF THE SOCIETY OF ARTS AND SCIENCES AT BATAVIA.

AND
A VOCABULARY OF THE LOO-CHOO LANGUAGE,
BY H. J. CLIFFORD, ESQ.
LIEUTENANT ROYAL NAVY.

LONDON:
JOHN MURRAY, ALBEMARLE-STREET.
1818.

Chief upon deck, rather than give him the trouble of going down to the cabin, which, indeed, we had reason to fear would prove too small for the party. Chairs were accordingly placed upon the deck; but the Chief made signs that he could not sit on a chair, nor would he consent for a time to use his mat, which was brought on board by one of his attendants. He seemed embarrassed and displeased, which we could not at the moment account for, though it has since occurred to us that he objected to the publicity of the conference. At length, however, he sat down on his mat, and began talking with great gravity and composure, without appearing in the smallest degree sensible that we did not understand a single word that he said. We of course could not think of interrupting him, and allowed him to talk on at his leisure; but when his discourse was concluded, he paused for our reply, which we made with equal gravity in English; upon this he betrayed great impatience at his harangue having been lost upon us, and supposing that we could, at all events, read, he called to his secretary, and began to dictate a letter. The secretary sat down before him with all due formality, and having rubbed his cake of ink upon a stone, drawn forth his pen, and arranged a long roll of paper upon his knee, began the writing, which was at length completed, partly from the

COREAN CHIEF and his SECRETARY.

〈순종실록〉에 기록된 홀 선장에 대한 내용

권지卷之 1916년 7월 병인丙寅19일 - 이재홍이 충청도 마량진 갈곶 밑에 이양선 두 척이 표류해 온 일을 보고하다.

충청 수사忠淸水使 이재홍李載弘의 장계에,
"마량진馬梁鎭 갈곶葛串 밑에 이양선異樣船 두 척이 표류하여 이르렀습니다. 그 진鎭의 첨사 조대복趙大福과 지방관 비인현감庇仁縣監 이승렬李升烈이 연명으로 보고하기를, '표류하여 도착한 이양선을 인력과 선박을 많이 사용하였으나 끌어들일 수 없었습니다. 그래서 14일 아침에 첨사와 현감이 이상한 모양의 작은 배가 떠 있는 곳으로 같이 가서, 먼저 한문으로 써서 물었더니 모른다고 머리를 젓기에, 다시 언문으로 써서 물었으나 또 모른다고 손을 저었습니다. 이와 같이 한참 동안 힐난하였으나 마침내 의사를 소통하지 못하였고, 필경에는 그들이 스스로 붓을 들고 썼지만 전자篆字와 같으면서 전자가 아니고 언문과 같으면서 언문이 아니었으므로 알아볼 수가 없었습니다. 그러자 그들이 좌우와 상하 층각層閣 사이의 무수한 서책 가운데에서 또 책 두 권을 끄집어내어, 한 권은 첨사에게 주고 한 권은 현감에게 주었습니다. 그래서 그 책을 펼쳐 보았지만 역시 전자도 아니고 언문도 아니어서 알 수 없었으므로 되돌려 주자 굳이 사양하고 받지 않기에 받아서 소매 안에 넣었습니다.
-중 략-
의복은 상의는 흰 삼승포三升布로 만들었거나 흑전黑氈으로 만들었고 오른쪽 옷섶에 단추를 달았으며, 하의는 흰 삼승포를 많이 입었는데 행전行纏 모양과 같이 몹시 좁게 지어서 다리가 겨우 들어갈 정도였습니다. 버선은 흰 삼승포로 둘러쌌고, 신은 검은 가죽으로 만들었는데 모양이 발막신發莫과 같고 끈을 달았습니다. 가진 물건은 금은 환도金銀環刀를 차기도 하고 금은 장도金銀粧刀를 차기도 하였으며, 건영귀乾靈龜를 차거나 천리경千里鏡을 가졌습니다. 그 사람의 수는 칸칸마다 가득히 실어서 자세히 계산하기 어려웠으나, 8~90명에 가까울 듯 하였습니다. 또 큰 배에 가서 실정을 물어 보았는데, 사람의 복색, 패물, 소지품이 모두 작은 배와 같았고, 한문이나 언문을 막론하고 모두 모른다고 머리를 저었습니다.
-중 략-
금년 윤6월 초순 사이에 우리 영길리국에서 5척의 배로 우리 영국왕英國王이 차정한 사신과 수행한 사람들을 보내어 천진天津 북연하北蓮河 입구에 도착하여, 지금 왕의 사신 등이 모두 북경에 나아가 황제萬歲爺를 뵈었으나 천진 외양外洋의 수심이 얕은데다가 큰 바람까지 만나 배의 파괴를 면할 수 없기 때문에, 각 선척이 그곳에 감히 정박하지 못하고 지금 월동粵東에 돌아가서 왕의 사신이 돌아오기를 기다려 귀국하려고 합니다. 이에 그곳을 지나게 되었으니, 해헌該憲은 음식물을 사도록 해 주고 맑은 물을 가져다 마시고 쓰도록 해 주십시오. 왼쪽에 우리 왕께서 보낸 사신의 인장印章이 찍혀 있으니 증거가 될 것입니다. 가경嘉慶 21년 월 일에 씁니다.' 라고 하였습니다." 하였다.

05

맥레오드의 『알세스트호 항해기』
Voyage of His Majesty's ship Alceste, along the Coast of Corea

맥레오드
영국, 1820년, 종이
13.5 x 21.9 x 2.7

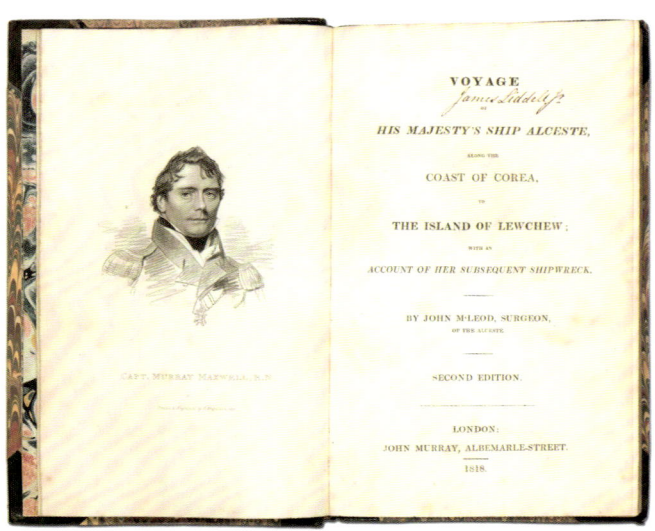

영국 런던에서 존 맥레오드 John McLeod 가 발행한 항해기 제2판이다. 국왕의 명에 따라 알세스트 Alceste 호를 타고 중국, 우리나라, 류큐 섬을 탐사한 내용을 정리한 것이다. 당시 극동에 대한 가장 폭넓은 여행 안내서로 유럽에서 인기가 높았다. 이 항해기에는 중국의 타타르 지방과 산둥성, 직례 지역을 방문하고, 조선 해안을 탐사한 내용이 담겨있다. 또한, 류큐 섬에 도달해서 원주민과 교류를 통해 그들의 역사와 특성, 규범, 섬의 기후와 생산품을 조사한 사실을 기록하였다. 이 외에 마닐라 방문기와 마닐라에서 떠나면서 배가 난파되고 말레이시아인들에게 공격받은 일, 자바를 조사하고 다른 지역에서 기항하며 영국에 도착하기까지의 전 과정을 수록하였다.
그리고 부록에 류큐 지역의 왕의 이름을 연대순으로 기록하고, 류큐 섬의 지역명을 열거하였으며, 마지막으로 작별 인사까지 상세하게 수록하였다.

COREAN CHIEF and ATTENDANTS.

ISLANDERS of SIR JAMES HALL'S GROUP.

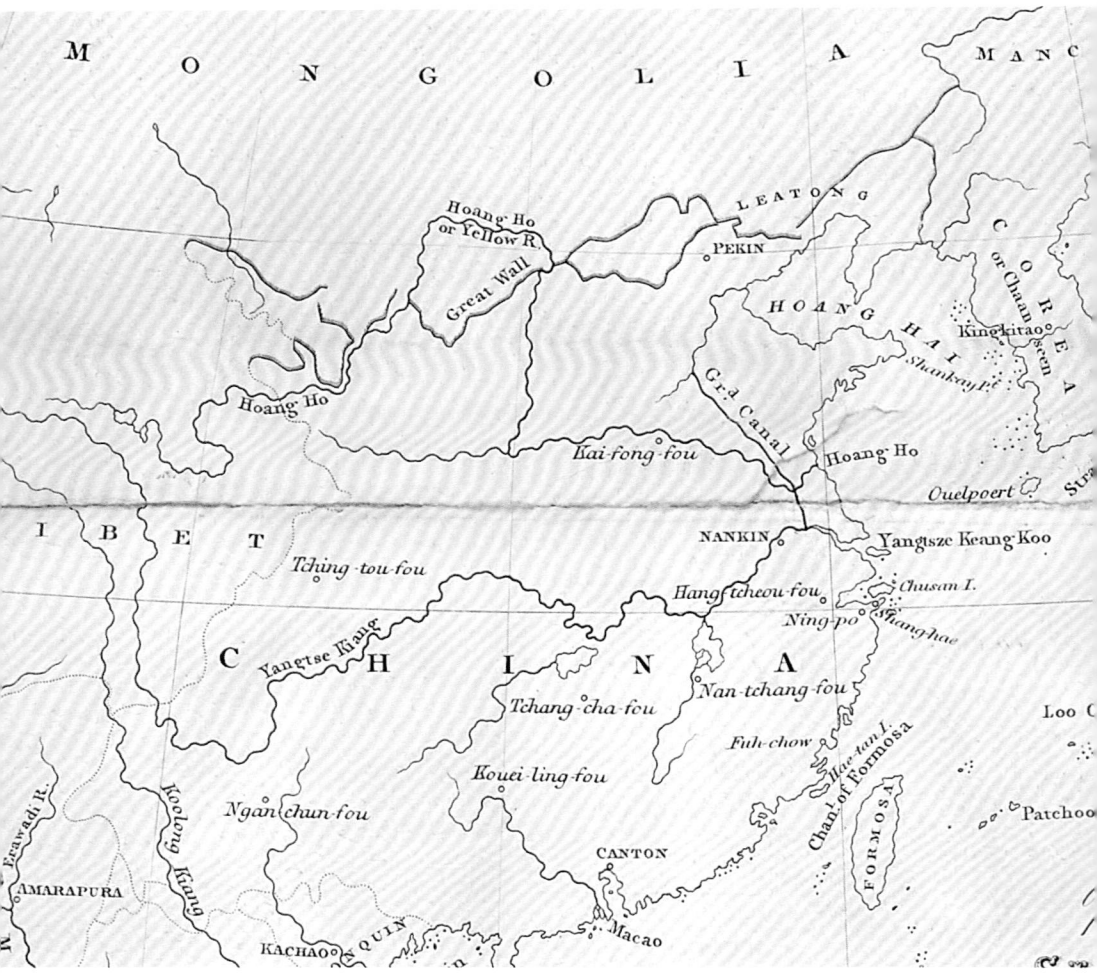

06

귀츨라프의 『항해기』
Journal of three voyages along the coast of China, in 1831, 1832, & 1833, with notices of Siam, Corea, and the Loo-Choo islands

귀츨라프
영국, 1834년, 종이
12.7 x 20.6 x 2.9

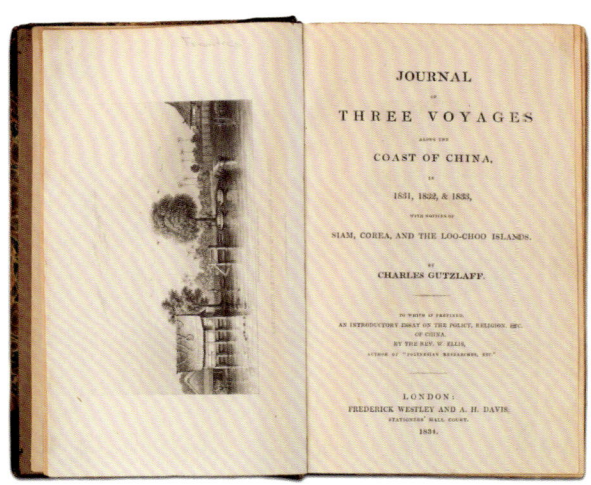

1832년 3월 22일 영국 동인도회사는 로드 애머스트Lord Amherst호를 중국에 파견했다. 이 배에는 선장 리즈Rees, 중국 광동 주재 수석화물 관리인 린세이Hugh Hamilton Lindsay, 프로테스탄트 선교사 카를 프리드리히 아우구스트 귀츨라프Karl Friedrich August Gützlaff 등 67명이 타고 있었다. 애머스트호는 중국 산동 해안을 시찰한 후 1832년 7월에 우리나라로 향했고, 귀츨라프는 우리나라 당시 조선을 찾아온 최초의 개신교 선교사로 외교 통상 이외에 개신교 복음 전파라는 또 다른 사명을 가지고 있었다. 여행을 마친 후 동인도회사에 제출할 보고서로 이 책을 작성하였으며, 우리나라 서해안을 여러 번 탐험하는 동안 보고 들었던 내용과 함께 우리나라가 포함된 지도가 실려 있다. 이 영국 상선에 관한 기록은 『순조실록』, 『승정원일기』 및 『충청순영등록忠淸巡營謄錄』 등에도 실려 있다.

07

브로튼의 『북태평양 탐사 항해기』 (프랑스 번역판)
Voyage de Découvertes Dans La Partie Septentrionale de L'ocean Pacifique
Voyage of Discovery to the North Pacific Ocean, French Translation Edition

윌리엄 브로튼
영국, 1807년, 종이
13.3×20.4

영국 해군 윌리엄 브로튼 William Robert Broughton 은 1793년 국왕 조지 3세의 명으로 프로비던스 Providence 호의 함장이 되어 태평양과 북동 아시아 원정에 나서게 되었다. 그는 1794년 10월 영국에서 출발하여 지중해와 대서양을 거쳐 리우데자네이로 Rio de Janeiro 에 기항한 후 태평양으로 향했다. 그의 북태평양 탐사의 주요 임무는 사할린이 섬인지, 육지의 일부인지를 조사하는 것이었다. 그가 대한해협을 거쳐 1797년 10월 현재의 부산 용당포에 도착하여 우리나라 조선인들과 접촉한 사실을 자신의 항해기에 코리아 Corea 의 초산 Chosan 에 입항했다고 기록하였다. 이로써 브로튼은 자의로 우리나라에 발을 디딘 최초의 서양인이 되었다. 이양선의 용당포 출현은 부산진 첨사가 배를 방문한 후 경상도 관찰사 이형원이 장계를 올린 사실이 조선왕조실록 정조 21년 임신 9월 6일자의 기록으로도 남아있다. 이 자료는 그의 탐사 항해기로 1804년 영국 런던에서 발간된 초판본을 그대로 프랑스어로 번역하여 3년 후인 1807년에 발간된 것이다. 1권 '역사의 서문' 뒤면 지도에는 동해안 Côte de Corée, 부산항 Port de Chosan, 제주도 I. Quelpaert 로 기록되어 있다. 3권 55번 지도는 '고려 혹은 조선지도 Carte du Royaume de Kau-Li ou Corée'라는 제목으로 조선의 강과 지명 및 섬들이 묘사되어 있고, 상세한 지명도 기재되어 있다. 또한, 조선의 오른쪽 바다를 한국해 Mer de Corée 라고 큰 글씨로 표기하고 있다.

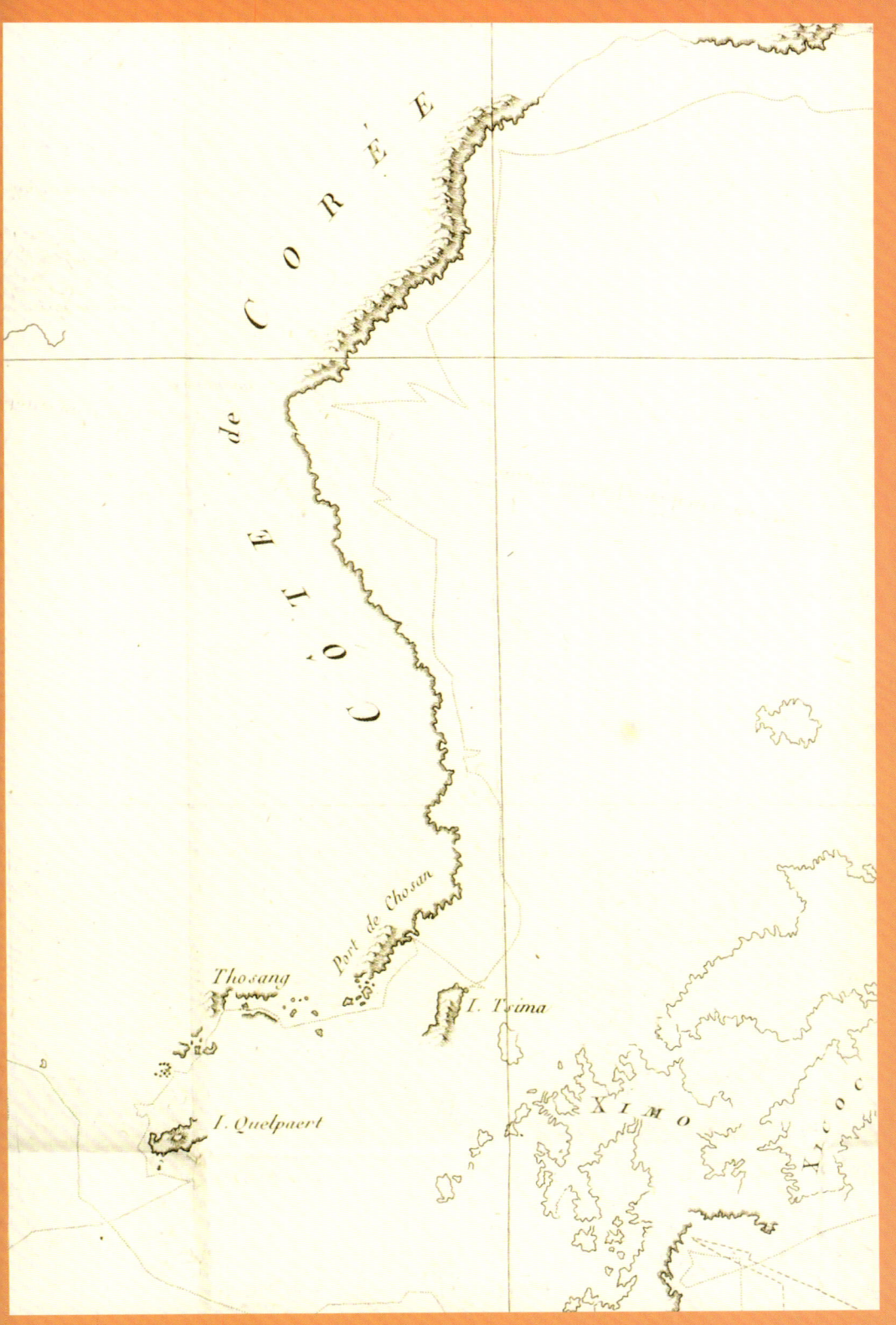

특별논고
참고문헌

한반도와 바다,
서양 고지도로 만나다

정인철 교수
부산대학교 지리교육과

고지도는 인간 삶의 터전에 대한 기록이다. 그러나 지도는 인간의 실제 삶의 공간뿐만 아니라, 인간의 공간에 대한 인식과 공간을 통해 이루고자 하는 꿈의 표현이기도 하다. 이 책은 바다를 표현한 지도와 바다에 대한 생각, 그리고 인간이 모험을 통해 이룬 업적을 보여준다는 측면에서 매우 귀중한 역사의 기록이라 할 수 있다. 이번에 출간되는 해양총서는 크게 네 개의 줄거리를 가진다.

첫째, 포르톨라노^{Portolano} 해도에 대한 이야기이다. 항구를 잇는 해도라는 의미의 포르톨라노는 중세 이후 지중해 연안을 오가던 배의 항로를 파악하기 위해 제작되었다. 송아지나 양의 가죽을 이용해 제작된 지도는 항구를 우선 표시한 다음, 항구를 잇는 항로를 선으로 표시하는 방법으로 제작되었는데, 바람의 방향 역시 표시하는 경우도 있었다. 현존하는 최고의 포르톨라노는 1270년경에 제작된 피사지도^{Carte Pisane}이다. 피사에서 발견되었기 때문에 발견된 장소를 따라 이름을 부여했는데 지중해와 흑해, 대서양 일부가 표시되어 있다. 당시의 지도를 보면 지중해 지역의 해안선 윤곽은 놀랍도록 정확하게 그려진 것을 알 수 있다. 특히 교역이 활발하던 이스라엘, 시리아, 이집트, 리비아 연안의 해안선은 매우 정확했다.

포르톨라노 해도에는 오늘날의 관점에서 볼 때 많은 미신적 요소가 존재한다. 이것은 당시 안전에 대한 뱃사람들의 기원이 담긴 것으로 볼 수 있다. 그렇지만 당시에 통용되던 일반적인 세계지도에도 에덴동산이나, 말세의 종족인 곡과 마곡의 땅, 사제 요한의 나라 등 존재하지 않는 땅이 그려져 있었다. 따라서 일부의 미신적 요소를 가지고 포르톨라노의 과학성을 폄훼할 수는 없다. 오히려 당시 유럽지도들 역시 해안선의 윤곽은 포르톨라노를 인용해서 그렸다.

이후 포르톨라노는 지중해를 벗어나 대서양으로 그 영역을 확장하기 시작했다. 그리고 나침반과 종이의 사용으로 포르톨라노는 새로운 발전의 전기를 마련한다. 그리고 이러한 해도를 이용해 대항해 시대가 열렸다. 바스코 다 가마와 콜럼버스의 항해는 이러한 해도가 없었으면 불가능했다. 중세 세계지도가 사람들의 종교관과 세계관을 보여준 반면, 포르톨라노는 선원들의 항해 경험을 통해 제작되었다는 측면에서 진정한 과학적 지도라 볼 수 있다. 총서에 수록된 〈도판 1〉은 이탈리아의 바르톨로메오 올리브Bartholomeo Olives가 1550년경에 제작한 포르톨라노이다.

당시 사람들은 바다에 괴물이 존재한다고 믿었다〈도판 3〉. 그래서 바다에 실제로 다양한 종류의 괴물을 그려 넣었다. 물론 고래와 같은 거대한 어류를 괴물로 착각했을 가능성이 높지만, 제대로 된 장비도 없이 항해하는 이들에게는 바다는 그 자체로 두려움의 대상이었다. 그렇지만 어떤 바다에 가면 이러한 종류의 괴물을 볼 수 있다는 실제적 의미로 그린 것은 아니다. 지나친 탐욕을 경계하며, 항상 안전에 주의하라는 은유의 의미로 괴물을 그렸다.

1620년대부터 항해 안내도와 해도 아틀라스 시장은 급격히 성장하였다. 1630년부터 네덜란드의 지도제작 회사들은 해도 제작 경쟁이 발생했다. 블라우Blaeu, 얀소니우스Johannes Janssonius 그리고 콜롬Arnold Colom의 회사가 경쟁하였다. 그리고 반 쿨렌Johannes van Keulen 역시 치열한 경쟁에 참여하였다. 그리고 누구나 네덜란드가 최초로 세계 해양 아틀라스를 출간하는 것을 의심하지 않았다. 그런데 1646년 세계 전체의 바다를 포괄하는 해양 아틀라스가 영국 출신으로 이탈리아에 망명한 로버트 더들리Robert Dudley, 1574-1649에 의해 『바다의 신비L'Arcano del Mare』라는 이름으로 출간되었다. 더들리는 영국의 엘리자베스 1세의 연인으로 유명한 로버트 더들리 레스터 백작Earl of Leicester의 의붓아들이다. 그는 정치적 문제로 영국을 떠나, 이탈리아의 피렌체에서 여생을 보냈다. 그는 인생의 마지막 몇 년에 세 권으로 이루어진 해도 백과사전을 출간하였다. 지도 전체를 항해에 적합한 메르카토르 투영법을 사용하여 제작했으며, 당시 최고의 판각자로 알려진 루치니Antonio Francesco Lucini가 동판으로 판각하였다. 판각 기간만 12년이 소요되었으며, 동판 제작에는 5,000파운드의 구리가 소비되었다고 한다. 수록된 지도의 수만 140장이며, 항해와 관련된 이론이 매우 상세하게 수록되어 있다. 이 책에 수록된 지도들은 전형적인 로코코 스타일에 의해 제작되었다. 이 책에는 한반도가 그려진 지도가 두 장이 포함되어 있다. 더들리의 아틀라스는 당시로서는 모든 지도를 메르카토르 투영법을 사용하여 제작했기 때문어 획기적이라고 볼 수 있다〈도판 12〉.

둘째, 하나의 해도라도 세계의 패권을 바꿀 수 있다. 동아시아에 가장 일찍 진출한 국가는 포르투갈이다. 그래서 포르투갈 해도에 한반도의 모습이 최초로 표시된다. 두라도$^{Fernao\ Vaz\ Dourado}$는 16세기 중반 한반도의 모습을 어렴풋하게 그렸다〈도판 50〉. 한반도에는 고려 해안이라는 의미의 Costa de conrai가 표시되어 있다. Conrai는 고려의 의미인 Coray를 잘못 표시한 것이다.

네덜란드는 일찍이 동방진출을 꿈꾸었지만, 포르투갈이 동방항로를 장악하여 네덜란드는 동방진출이 불가능하였다. 그런데 이 정보를 네덜란드가 확보하는데 결정적인 기여를 한 사람이 린스호턴$^{Jan\ Huyghen\ van\ Linschoten}$이다. 그는 네덜란드 출신이지만 1580년 스페인이 포르투갈을 합병한 이후 당시 스페인의 지배를 받던 네덜란드인들도 인도 교역에 종사할 수 있게 됨에 따라, 린스호턴은 약 5년간 고아에 체류하면서 아시아에 관한 자료를 수집했다. 그리고 1592년 유럽에 귀환했다. 그는 당시 수집한 아시아에 대한 자료를 수집하여 이를 근거로 1596년 『수로지^{Itinerario}』를 출판했다〈도판 9〉. 이 책에는 아시아의 전반적인 지리적인 내용과 수로에 대한 내용이 수록되어 있었다. 이 책에서는 조선이 일본 북쪽 북위 34°와 35° 사이의 중국 해안과도 멀지 않은 곳에 위치한 코리아^{Corea}라는 큰 섬으로 기술했다. 이 지도에는 포르투갈 배와 마주치지 않고 향료제도로 가기 위한 상세한 항로가 표시되어 있다. 이 지도를 가지고 네덜란드는 이후 포르투갈을 향료의 원산지인 몰루카제도에서 축출하고, 향료무역의 독점권을 누리게 되었다. 그리고 여기에서 축척한 부를 기반으로 17세기 전반부에 전성기를 구가했다.

이 지도에 수록된 랑그렌의 지도에서는 한반도가 둥근 원으로 그려져 있으며, 꼬레아 섬$^{Ilha\ de\ Corea}$으로 표기되어 있다. 이 지도에서는 조선해안에 코라이 해안이라는 의미의 'COSTA DE CONRAY'가 표시되어 있고, 도적의 섬이라는 의미의 'I. dos Landrones' 역시 적혀 있다. 작은 섬에 별도로 'Corea'라고 적었는데, 코라이에 속한 섬이라는 의미이다〈도판 4〉.

『수로지』에 수록된 또 하나의 지도가 프란시우스$^{Petrus\ Plancius}$의 「양반구도」인데 이 지도가 조선을 최초로 반도로 묘사한 지도라고 주장하는 연구자도 있다〈도판 9-1〉. 이 지도에서는 지도의 네 모퉁이에 네 대륙의 모습을 여인으로 그렸다. 좌측 상단에 위치하는 것이 유럽의 여신이다. 이 지도는 일본 열도를 비교적 정확한 위치인 북위 30°와 40° 사이에 배치했다. 이러한 측면에서 이 지도는 당시로서는 획기적으로 동아시아의 정확도를 개선한 지도로 평가받는다. 이 지도는 조선을 반도로 그리고 지도에 '코리아^{Corea}'로 표시하였다. 이렇게 길쭉한 반도로 표시하게 된 것은 중국에서 1555년에 제작된 「고금형승지도^{古今形勝之圖}」를 참조했기 때문이다.

네덜란드는 오랫동안 북동항로를 통해 향료제도와 중국에 가고 싶어 했다. 그러나 이미 이 계획이 실현가능성이 없다는 것을 인지한 네덜란드 상인들은 희망 없는 계획을 포기하고 바로 이베리아반도의 동방무역 독점에 대해 도전하였다. 여기에 선봉에 선 사람이 종교지도자이자 지도제작자인 프란시우스이다.

네덜란드 의회는 보다 효율적으로 동방항로를 탐색하기 위해 1594년 9월 12일 프란시우스에게 12년간 네덜란드 국내에서 해도를 인쇄하고 판매할 독점적 권리를 부여하였다. 그는 지도의 정확성을 획기적으로 개선했다. 이후 네덜란드 동인도회사는 동방으로 진출했고, 아시아와의 교역을 위한 정확한 해도의 필요성을 인지했다. 그리고 새로운 정보를 계속 수록하여 지속적으로 해도책을 간행했다. 17세기 중반 네덜란드 해도집은 세계에서 가장 정확하고 판매량이 높았다. 대표적인 사례가 요하네스 얀소니우스Johannes Janssonius가 출간한 『세계해도첩Atlantis Majoris quinta pars』이다〈도판 13〉. 우리나라는 여전히 섬으로 그려져 있지만, 바다의 수로는 굉장히 정확하게 묘사되어 있다. 그리고 당시 네덜란드 정부는 지도출판업자들이 자유로운 경쟁을 통해 해도를 발전시키는 정책을 채택하고 있었다. 구스Pieter Goose의 해도첩은 얀소니우스 해도첩과 상업적으로 경쟁했다〈도판 17〉.

17세기 후반이 되면 해도의 제작 역시 프랑스가 주도하게 된다. 이것은 기본적으로 경도 측정 기술과 관계된 것이다. 영국에서 해리슨John Harrison이 크로노미터를 개발하여 경도를 측정하기 이전까지는 카시니의 목성의 위성에 의해 목성에 발생한 그림자를 관측하는 방식이 경도 측정의 주를 이루었다. 그래서 프랑스가 육지 지도뿐만 아니라, 해도의 제작 역시 18세기에 선도한 것이다. 그러나 해도 제작 기술의 발달과는 관계없이 한반도 주변의 해도에서 한반도의 형태는 17세기의 지도 형태를 벗어나지 못하였다. 제임스 쿡 항해 이전의 최고의 해도로 평가 받는 프랑스 해군 수로국의 벨렝Jacques Nicolas Bellin이 제작하고 1776년에 간행된 「태평양 해도」에서도 한반도의 해안선 모습은 오히려 과장되게 그려졌다. 이것은 동아시아 해역 특히 동해 북쪽에 대한 탐사가 약 100년간 진척이 없었다는 것을 의미한다〈도판 41〉.

셋째, 국립해양박물관이 소장하고 있는 서양 고지도는 한반도 주변 해역의 해양 명칭의 시대적 변화를 반영하고 있다. 16세기말까지 서구인들은 한반도를 지도상에 그리지 않았다. 한반도의 존재 자체를 확신하지 못했기 때문이다. 그리고 조선의 존재에 대해서는 일본이나 중국에 파견된 선교사를 통해 알게 되었지만, 그들은 조선이 섬인지 반도인지를 몰랐다. 비록 1594년 프란시우스의 지도에서는 조선을 반도로 표시했지만, 유럽인들은 이 정보를 신뢰하지 않았다. 심지어 프란시우스 역시 이후에 출간한 다른 지도에서는 조선을 섬으로 계속 그렸다. 그래서 〈도판 8〉의 혼디우스Jodocus Hondius의 지도에서는 조선을 섬으로 그렸지만, 글 상자에 이 나라를 중국인들은 조선이라 부르지만 일본인은 고려라고 부른다고 기술했다. 그리고 이 나라가 섬인지 육지인지는 명확하지 않다고 기술했다.

당시 현재의 동해 해역의 명칭은 중국해였다. 중국 주변에 있는 바다이기에 중국해라 부른 것이다. 그리고 지도에 따라서는 만지해Mer de Mangi로 부르는 경우도 있다. 만지는 남송을 지칭하는 이름이다. 그렇지만 당시 동아시아에 대한 가장 많은 정보를 가지고 있던 포르투갈은 1616년 고딩호$^{Godinho\ de\ Ereida}$가 제작한 지도에서 동해를 한국해로 불렀다. 이후 간혹 한국해로 표기된 지도들이 나타나다가, 18세기 초반부터 서양고지도들의 대부분은 동해를 한국해로 표기했다. 당시 중국에 파견된 프랑스 예수회 선교사들이 중국에서 수집한 지리정보를 유럽에 보냈는데, 당시 선교사들이 필사하여 유럽에 보낸 지도에 동해가 한국해로 표기되어 있었기 때문이다. 지도 25는 프랑스 왕실지리학자인 기욤 드릴$^{Guillaume\ De\ L'Isle}$이 선교사가 보낸 자료를 참조하여 그린 인도와 중국지도이다. 지도를 보면 동해 해역이 동해 또는 한국해라는 지명으로 표기된 것을 확인할 수 있다.

　루이 14세가 재위하던 프랑스는 당시 지리학적 측면에서 세계 최고의 선진국이었다. 지도제작에서 가장 중요한 경도측량 기술을 보유하고 있었기 때문이다. 처음에 프랑스 지도에 표기되던 한국해는 이후 영국의 지도제작자들에게도 영향을 미쳤고, 영국의 아시아 지도 역시 동해를 한국해로 표시했다〈도판 26, 27, 28 참조〉.

　그런데 바다 이름 명칭을 표기하는 방식은 크게 두 가지이다. 하나는 분지식으로 어떤 해역을 분지로 보고 하나의 이름을 부여하는 경우이다. 만일 동해를 하나의 분지로 보고 동해나 일본해로 부른다면 이는 분지식에 해당한다. 그러나 다른 방식도 있는데, 해양축 방식이다. 이 방식은 연안에 접한 국가의 명칭을 따라 해양명칭을 부여하는 방식이다. 대표적인 사례가 로베르 드 보공디$^{Robert\ de\ Vaugondy}$의 1750년 지도이다〈도판 37〉. 이 지도에서는 조선 연안은 한국해, 일본 연안을 일본해로 표기했다. 따라서 하나의 해역에 접한 두 나라의 불만이 있을 가능성이 없다.

　18세기에는 동해가 한국해로 표기되었다. 그렇지만 유럽인들이 일본과의 무역에 대한 관심을 가지게 된 19세기 이후에는 일본해로 표기되었다. 그렇지만 유럽인들이 한국해로 표시했거나, 일본해로 표기했다고 동해의 명칭이 결정되는 것은 아니다. 해양지명은 바다의 이름일 따름이다. 개인도 자신의 이름이 싫으면 바꿀 수 있는데, 국가 간의 지명분쟁이 있는 경우 이는 당연히 수정되어야 한다. 더구나 어느 나라도 지명변경으로 인해 정치적 또는 경제적 손실을 입지는 않는다. 오히려 양국간의 협력을 통해 상호 교류가 확대될 것이다.

　넷째, 현대를 가능하게 한 최고의 항해는 제임스 쿡의 항해이다. 그는 세 번에 걸쳐 세계의 바다를 항해했고, 해가 지지 않는 대영제국을 건설하는데 기여했다. 그렇지만 그의 항해 목적은 이전의 식민지 침략과는 달랐다. 당시는 계몽주의 시대였다. 직접적인 정복보다는 과학을 통한 자원의 확보를 우선시 했다. 과학 발전이 항해의 주목적이 된 것이다. 탐사대에는 다양한 분야의 세계 최고 수준의 학자들이 포함되어 있었는데, 이들은 자신이 방문한 장소들의 주민들의 생활방식은 물론, 동·식물과 광물 자원 등에 대한 상세한 기록을 남겼다〈항해기 1〉. 프랑스의 루이 16세는 제임스 쿡의 항해에 자극을 받아 라페루즈로 하여금 세계를 주항하게 했다. 라페루즈는 1785년 프랑스를 출발했는데, 1787년 5월 2월 21일 제주도에 접근했다. 그리고 멀리서 당원경으로 한라산을 관측하고 산의 높이를 약 1,000 토아즈^{약 1,949m}로 추정했다. 그리고 한라산 정상에 저수지나 호수가 있을 것이라고 기록했다. 그리고 계속 동해안으로 항해하여 5월 27일 울릉도를 발견하고 이 배에 승선한 천문학자 다즐레^{Joseph Lepaute Dagelet}의 이름을 따서 다즐레 섬으로 명명했다. 라페루즈는 비록 거센 물결 때문에 울릉도에 상륙하지는 못했지만, 가까운 거리에서 주민들이 배를 건조하는 모습 등을 관찰하고 기록으로 남겼다. 그렇지만 그의 배는 사라졌고, 프랑스 정부는 이들의 흔적을 찾아 나섰다〈항해기 3〉. 루이 16세는 단두대에서 죽기 전날에도 라페루즈의 안부를 물었다고 한다. 그렇지만 그의 배는 1964년에야 호주 인근 바다에서 침몰된 채로 발견되었다.

라페루즈의 탐사 이후 외국선박의 조선 연안 탐사는 계속되었다. 1797년 영국의 브로튼^{Willian Robert Broughton} 함장의 탐사선 프리비던스^{Providence}호는 동해안을 탐사하였다 그는 함경도 지역에 도착하는데 그의 이름을 따서 동한만을 100년이 넘게 브로튼만^{Broughton Eay}이라고 서양지도는 표기하였다. 그리고 10월 13일에는 부산 용당포에 도착하고, 약 1주일간 부산에 체류하면서 현지 생활을 기록하였다. 그의 탐사로 인해 동해안의 해안선 모양이 실제 지형과 비슷하게 되었다. 그의 항해기록은 『북태평양 탐사항해기』란 제목으로 1804년 출간되었다. 그는 부산항을 조선항^{Thosan Harbour}으로 표기했는데, 이는 주민들이 조선이라고 하는 것을 부산의 이름이라고 생각했기 때문이다〈항해기 7〉.

1816년 2월 영국정부는 중국과의 무역 관계를 발전시키기 위해 애머스트^{William Pitt Amherst}를 중국에 파견했다. 애머스트는 맥스웰^{Murray Maxwell} 대령이 지휘하는 알세스트^{Alceste}호와 홀^{Basil Hall} 대령이 지휘하는 리라^{Lyra}호의 호송을 받으며 8월에 천진^{天津} 하구의 백하^{白河}에 도착했다. 애머스트가 북경을 방문하는 기간을 이용해, 맥스웰과 홀은 우선 9월 1일부터 10일까지 조선의 서해안과 남해안을 탐사했다. 이들은 당시의 경험을 기록으로 남겼다〈항해기 4〉. 그리고 1832년 7월에는 영국 상선 로드 애머스트^{Lord Amherst}호가 조선의 서해안을 탐사했다. 이 배는 영국 동인도회사 상선으로 조선 해역에 통상을 요구하기 위해 나타난 최초의 서양선이었다. 배에는 영국동인도회사의 린세이^{Hugh Hamilton Lindsay}와 조선을 찾아온 최초의 개신교 선교사인 독일인 귀출라프^{Karl Friedrich August Gützlaff} 등 67명이 타고 있었다. 린세이는 당시 중국 광저우 주재 동인도회사의 화물관리인으로 영국 모직물의 판매시장을 개척하기 위해 조선을 방문했다. 린세이와 귀출라프는 1832년 7월 17일 황해도 장산곶의 녹도^{鹿島}에 상륙했다. 이후 이 배는 곧 충청도 강경에 닿았으며, 이후 일부 도서지역을 방문하였다. 린세이 일행과 조선의 관리들은 비교적 우호적인 분위기 속에서 대화를 나눴지만, 조선

관리들의 입장은 부정적이었다. 이들의 방문 이후 서양 고지도에는 안면도가 린세이^{Lindsay} 섬으로 지도상에 표기되었다〈항해기 6〉.

이상에서 국립해양박물관이 소장하고 있는 일부 지도를 소재로 하여 간략한 해도의 발달 흐름과 우리나라 주변 바다의 형태 및 지명 표기 상황을 살펴보았다. 과거의 해도는 단순한 공간정보 수록의 도구 이상이었다. 탐사자들은 누구도 가본 적이 없던 곳에 먼저 도착해 지명을 부여한 다음 지도에 표시해 영유권을 주장했다. 그리고 해도를 이용해 식민지를 개척하고 또 교역했다. 그리고 이들은 항해기로 남겼는데, 이것은 모험의 기록이기도 하다. 그렇지만 당시 항해기에는 서양 사회를 지배하던 제국주의 사상이 표출되어 있기도 하다.

문명과 야만, 우월과 열등, 정복과 피지배자 등의 이분법적 사유방식을 근간으로 기술과학이 앞선 세계 즉, 서양의 지배 사상이 해도와 항해기에 내재되어 있다. 그렇지만 이것은 인류 역사의 기록이다.

해도는 해상을 통한 교역과 소통의 공간을 나타낸다. 현재는 이러한 해도가 가죽에서 종이로, 그리고 종이에서 모니터로 변화하여 제시되지만, 소통의 미디어라는 그 본연의 수단은 변하지 않았다. 이후 보다 다양한 형식의 해도가 새롭게 개발될 것이며, 이 해도를 이용해 사람들은 항해할 것이다. 그리고 사람들은 항해한 내용을 항해기로 남길 것이다.

참고문헌
INDEX

논문

김낙현·홍옥숙
「브로튼 함장의 북태평양 탐사항해(1795-1798)와 그 의의」, 『해항도시문화교섭학』, 2008

김미영
「글로브의 발달과정과 유형 - 영국국립해양박물관 소장품을 중심으로 -」, 성신여자대학교 대학원 석사학위논문, 2009

김미영·양보경
「서양 글로브의 발달과 유형」, 『한국지역지리학회 학술대회 발표집』, 한국지역지리학회, 2012

김성준
「대항해시대 유럽의 배와 항해」, 『바람에 실은 바람 - 대항해시대 전시도록』, 국립해양박물관, 2016

김은성
「지리상 탐험의 평가 : 제임스 쿡의 태평양 탐험을 사례로」, 『地理敎育論集』 54, 2010

김지은
「서양 고지도 속의 제주도 - 파인드코리아 웹사이트 상의 고지도를 중심으로 -」, 성신여자대학교 대학원 석사학위논문, 2010

김차규
「19세기 이전 프랑스인들의 한국인식」, 『명지대 인문과학논총』 32, 2011

김학준
「서양인들이 관찰한 조선의 모습들」, 『한국정치연구』 18, 2009

김현란
「엘리자베스 1세의 인선과 세력균형 정책 - 로버트 더들리와 윌리엄 세실을 중심으로 -」, 『서양중세사연구』 19, 2007

민정기
「1918년, 모두에게 열린 금성(禁城) - 마르코 폴로에서 피에르 로티에 이르기까지 서양인의 눈에 비친 중국의 궁성(宮城)」, 『中國文學』 第83輯, 2015

서정철
「서양 고지도를 통하여 본 동해명칭을 둘러싼 한일 간의 경쟁 – '지명의 발생과 기능'을 중심으로」, 『한국고지도연구』 5, 한국고지도연구학회, 2013

서정철
「서양 고지도가 증명하는 독도 영유권」, 『독도연구』 15, 영남대학교 독도연구소, 2013

오상학
「서양 고지도에 표현된 제주도」, 『韓國古地圖研究』 제8권 제2호, 2016

오일환
「16-17세기 서양고지도에 나타난 우리나라의 섬 형태 분석과 지리인식에 대한 연구」, 『문화역사지리』 제21권 제1호, 2009

정원
「생존을 위한 과학이자 국가를 위한 과학이었던 항해술」, 『서양사연구』 제49집, 2013

도록

경희대학교 혜정문화연구소, 『SEA OF KOREA』, 2004

경희대학교 혜정박물관, 『ANTIQUE MAPS & KOREA』, 2008

경희대학교 혜정박물관, 『동해의 역사와 형상』, 2013

경희대학교 혜정박물관, 『고지도, 상상의 길을 걷다』, 2013

경희대학교 혜정박물관, 『아름다운 세계고지도展』, 2013

경희대학교 혜정박물관, 『동해물과 백두산이 세계 지도로 본 동해』, 2014

국립중앙박물관, 『지도예찬– 조선지도 500년, 공간·시간·인간의 이야기』, 2018

국립해양박물관, 『바람에 실은 바람– 대항해시대』, 2016

국립해양박물관, 『해양 명품 100선 바다를 품다』, 2017

동북아역사재단, 『고지도에 나타난 동해와 독도』, 2010

단행본

경희대학교 혜정박물관, 『탐험이 가져온 선물 지도』, 2008

국립해양박물관, 『라페루즈의 세계 일주 항해기』, 2016

김상근, 『세계지도의 역사와 한반도의 발견』, 살림, 2004

미야자키 마사카츠(이근우 역), 『해도의 세계사』, 어문학사, 2017

박천홍, 『악령이 출몰하던 조선의 바다(서양과 조선의 만남)』, 현실문화, 2008

서정철, 김인환, 『동해는 누구의 바다인가』, 김영사, 2014

앤 루니, 박흥경, 『세상의 모든 지도 the MAP』, 생각의 집, 2016

양보경, 양윤정, 이명희, 『고지도와 천문도』, 성신여자대학교 출판부, 2016

정인철, 『한반도, 서양고지도로 만나다』, 푸른길, 2015

국립해양박물관
총서 / 학술
/ 20200808

고지도,
종이에 펼쳐진 세상

서양편

총 괄	이종배
기 획	윤리나, 권유리
편 집	권유리, 권현경
교 정	권유리, 권현경, 전경호, 제아름, 김현수, 김나연
감 수	정인철
특별논고	정인철
사진촬영	김주찬, 김태영

제작 및 디자인	효민디앤피

발 행 일	2020년 12월 11일
발 행 처	국립해양박물관 www.knmm.or.kr 부산광역시 영도구 해양로 301번길 45

ISBN	979-11-90481-65-6(94980)

값 13,000원
94980

ISBN 979-11-90481-65-6
ISBN 979-11-90481-64-9 (세트)

발간등록번호 11-B553496-000016-01

ⓒ국립해양박물관(Korea National Maritime Museum), 2020
이 도서의 저작권은 국립해양박물관이 소유하고 있습니다.
이 도서의 모든 내용에 대하여 국립해양박물관의 동의 없이는 어떠한 형태나 의미로든 재생산하거나 재활용할 수 없습니다.
All rights reserved. No part of this book may be reproduced or utilized in any form or by any means without permission in writing from Korea National Maritime Museum.